应急救援培训系列丛书

应急救援典型案例精析

赵正宏 著

中国石化出版社

内 容 提 要

本书为《应急救援培训系列丛书》之一，对国内外应急救援的成功经验与失败教训进行了系统总结，精选了国内外典型应急救援案例，从成功经验、失败教训两方面逐一进行“点穴式”精析。旨在通过真实的案例，强化员工应急培训教育，弘扬“生命至上、科学施救”理念，不断提高事故灾难救援能力。

本书构思新颖，简捷明了，实用性、指导性强，具有突出的借鉴价值，既可供员工应急培训使用，也可供广大应急管理工作者参考。

图书在版编目(CIP)数据

应急救援典型案例精析 / 赵正宏著. —北京：中国石化出版社，2019.2(2024.8 重印)
(应急救援培训系列丛书)
ISBN 978-7-5114-5035-7

Ⅰ. ①应… Ⅱ. ①赵… Ⅲ. ①突发事件-救援-案例 Ⅳ. ①X928.04

中国版本图书馆 CIP 数据核字(2019)第 021384 号

中国石化出版社出版发行

地址：北京市东城区安定门外大街 58 号
邮编：100011 电话：(010)57512500
发行部电话：(010)57512575
http://www.sinopec-press.com
E-mail：press@sinopec.com
北京富泰印刷有限责任公司印刷
全国各地新华书店经销

*

850×1168 毫米 32 开本 4.25 印张 106 千字
2019 年 2 月第 1 版 2024 年 8 月第 4 次印刷
定价：35.00 元

全面强化应急管理　提高防灾减灾救灾能力

序

经过长期努力，中国特色社会主义进入了新时代。树立安全发展理念，弘扬生命至上、安全第一的思想，健全公共安全体系，完善安全生产责任制，坚决遏制重特大安全事故，提升防灾减灾救灾能力，是新时代提高保障和改善民生水平，加强和创新社会治理的重要思想。

站在新的历史起点，中共中央深化党和国家机构改革，组建了中华人民共和国应急管理部，竖起了全面强化应急管理的里程碑。这一重大改革，将有力推动统一指挥、专常兼备、反应灵敏、上下联动、平战结合的中国特色应急管理体制的形成，促进国家应急管理能力，包括安全生产在内的全面防灾减灾救灾能力的迅速提高，有效防范遏制重特大事故的发生，维护人民群众生命财产安全，提高人民群众获得感、幸福感、安全感。

中国应急管理翻开了新的历史篇章！

新时代我国社会主要矛盾是人民日益增长的美好生活需要和不平衡不充分的发展之间的矛盾，必须坚持以人民为中心的发展思想，不断促进人的全面发展。安全生产是关系人民群众生命财产安全的大事，是经济社会协调健康发展的标志，是党和政府对人民利益高度负责的要求。确保人民群众生命财产安全，是以人民为中心的根本前提和重要保障。

当前，我国正处在工业化、城镇化持续推进过程中，生产经营规模不断扩大，传统和新型生产经营方式并存，各类安全风险交织叠加，企业主体责任落实不力等问题依然突出，生产安全事故易发多发，尤其是重特大安全事故频发势头尚未得到有效遏制。企业应急管理还存在诸多问题，如因风险辨识、隐患排查能力不足，应急准备出现“空白点”；应急预案针对性、简捷性、衔接性不足；现代应急装备缺乏，抢大险救大灾能力不足；从业人员应急意识弱、应急知识少、应急技能低；等等。落实企业安全主体责任，提高防灾减灾救灾能力，是当前安全生产工作的重中之重。新中国成立以来第一个以党中央、国务院名义出台的安全生产工作的纲领性文件《中共中央 国务院关于推进安全生产领域改革发展的意见》强调指出，要建立企业全过程安全生产管理制度，做到安全责任、管理、投入、培训和应急救援“五到位”，要开展经常性的应急演练和人员避险自救培训，着力提升现场应急处置能力。国有企业要发挥安全生产工作示范带头作用。

《应急救援培训系列丛书》以安全发展理念和生命至上、安全第一的思想为指引，坚持生命至上、科学救援的原则，紧绕企业应急管理中存在的问题和石化行业特点，系统阐述了应急救援管理基础、法律法规、预案编制与演练、应急装备及典型案例处置等知识，突出针对性、实用性，适于应急培训之用，也可供广大安全生产和应急管理人员工作参考。相信，该培训系列丛书对于落实企业主体责任，提高企业防灾减灾救灾能力，遏制重特大事故，会起到积极的现实意义和长远的指导意义。

目　录

CONTENTS

第三章 教训类救援案例与精析

第一章 应急救援成败得失综述

应急救援，是在应急响应过程中，为消除、减少事故危害，防止事故、事件扩大或恶化，最大限度地降低事故、事件造成的损失或危害而采取的救援措施或行动。

有效的应急救援行动，会化解险情，可以将事故有效地消灭在萌芽之中；能有效控制事态发展，从而避免事故的扩大与恶化，大大减轻事故对人员、财产、环境造成的危害，减轻事故对人民群众生活、社会稳定和经济发展所带来的不良影响。反之，如果没有有效的应急救援行动，险情会发展成为事故，事故会恶化升级，不仅会造成人员的重大伤亡和财产的重大损失，而且会对自然环境、人民生活、社会稳定甚至国际形象带来严重的不良影响。无情的事实告诉我们，总结应急救援成功经验与失败教训，研究、探索、改进其理论和实践，具有极为重要的作用。

事故是人类的天敌，也是人类最好的老师。

工业革命是迄今为止人类发展史上功率最大的推进器。人类社会因此迅速发生了翻天覆地的巨大变化。

然而，人类在尽情享受工业革命带来的丰硕成果的同时，也吞咽着工业革命带来的苦果。自工业革命以来，难以计数的人们在机器的轰鸣中死亡。机器巨大的轰鸣，既是现代人的胜利欢呼，也是死亡者的悲痛呐喊！时至今日，在繁忙的工厂里，上班的马路上，轻松的旅途中，温暖的家庭里，生命都会因机器、车船、飞机、毒气、电力而受到死亡的威胁。但是，人类社会永远不会停下前进的脚步，不会因工业革命带来的生命伤害而关上发展前进的大门，仍会一如既往，不断探索，向着美好的未来挺进！

人们从一次次事故中，不断总结经验，吸取教训，学会了如何通过有效的应急救援行动，避免、减少事故的发生，更好地保护生命财产安全。人们在长期的理论探索与生产实践中，既总结出了许多应急救援的成功经验，这些成功经验具有广泛的指导作用，譬如：建立应急管理体系、建立应急救援体系、应急预案科学周全、应急保障措施到位、视情放弃、科学逃生等，也总结出了许多应急救援失败的深刻教训，譬如没有编制应急预案、应急预案不科学、应急保障不到位等。通过扬长避短，不断推动应急救援能力稳步提高。

当前，中国特色社会主义进入新时代，社会主要矛盾已经发生了深刻的变化，从人民日益增长的物质文化需要同落后的社会生产之间的矛盾转化为人民日益增长的美好生活需要和不平衡不充分的发展之间的矛盾，对社会治理提出了崭新的要求。然而，我国安全生产领域事故总量依然居高不下，特别是重特大事故时有发生，安全生产领域是事关民生的短板和弱项，必须强化管理，强弱补短。当此之时，不断总结，不断探索，扬长避短，就能不断把应急救援在科学的轨道上推向前进，促进应急救援能力的不断提高，促进应急救援的成功进行，为最大限度地避免、减少人员伤亡、财产损失和生态破坏做出有力保障。只有加强应急管理，保障应急机构、队伍、人员、预案、装备等的建立、配备、编制、应用到位，不断提高应急救援能力，才能保障在突发险情、事故之时，按照既定应急预案，成功救援抢险，最大限度地避免、减少人员伤亡、财产损失、生态破坏和对社会的不良影响。

经验是前进的台阶，是用鲜血甚至生命换来的财富，需倍加珍惜；教训同样是前进的基石，也是用鲜血甚至生命换来的财富，需牢牢汲取。事实证明，事故是最生动、最有效的教科书。

"它山之石，可以攻玉"，对应急救援的成败案例进行分析学习，对员工教育培训具有最直接、最迅速、最明显的效果，对弘扬"生命至上，科学施救"理念，提高应急救援效率具有事半功倍的作用。

第一节　应急救援的成功经验

人们在长期的理论探索与生产实践中，总结出了许多大大小小应急救援的成功经验，这些成功经验有些已经具有广泛的指导作用。这些国内外的成功经验归纳如下：

一、建立应急管理体系

在很长时间内，对于事故的应急处置，只是停留在事发这一环节上，就事论事，没有从事前、事中、事后建立一个闭环运行、不断改进的管理系统，没有进行全面的危险源辨识与评估，对各种情况下譬如事故恶化状态下的应急没有做充分研究，应急准备、应急方法出现"薄弱点"，甚至是"空白"，结果可想而知。另外，也出现了重思想要求、轻科学指导的现象，只提倡"一不怕苦，二不怕死"的大无畏的革命英雄主义精神，而忽视科学避险、视情放弃抢救、及时逃生的科学救援理念与方法的灌输，因此，导致事故恶化升级、伤亡和财产损失扩大化的事件时有发生。

人们在长期的实践中认识到，只有建立完备的应急管理体系，从事前、事中、事后进行全过程的管理，才能使应急救援在思想上有准备、操作上有预案，人员、装备、物资、技术等有保障的情况下进行，确保应急救援行动的成功。

二、建立应急救援体系

应急救援是应急管理的核心内容。因为事故的行业性、事故原因的多样性、事故情形的复杂性、事故发展的迅速性，应急救援成为一项极为复杂的工作。面对如此复杂的工作，必须寻求一种通用的以不变应万变的工作方法，由此催生了应急救援体系的建立，即：搞好应急救援，必须从预案编制、机构人员、物资装备、通信信息等方面建立一个有机统一协调运行的应急救援体系。

建立了规范的应急救援体系，就会面对险情“会打仗”——有预案；面对险情“能打仗”——有人员、有装备；面对险情“打胜仗”——有备而战，战则能胜。因此，应急救援体系是应急救援成功进行的重要保障。

三、应急预案科学周全

应急救援预案是应急抢险的“作战方案”。在很长的时期内，人们对事故的处理方案只是停留在就事论事的现场处理方案上，没有从事故的指挥程序、救援形式等方面开展工作，使得应急救援预案很不完整。同时，有些预案制定得不周全，譬如对风险的辨识不清，对事故恶化的准备不足，甚至有些预定措施不科学、不实用。预案的不科学、不周全，导致一些事故在发生之后，出现报警不及时，指挥不得力，事故恶化不知如何寻求外部救援力量等，从而导致小事故演变成大事故，大事故恶化成特大事故。

现在，越来越多的人深刻认识到了应急救援预案科学周全的重要性，许多政府、企业会成立专门的预案编制小组，从人员、时间、财力上提供充分的支持，而且认真进行专家论证，努力编制出系统完整、科学实用的应急预案。

四、应急保障措施到位

编制应急预案，以有备、有序地进行事故的应急处置，目前正成为国人的共识与行动，从中央到地方、从政府到企业，应急预案的编制已经成为政府、企业应急救援的一项基础性工作。

然而，事实证明，光有应急预案是不够的。编制完成应急救援预案，只是完成了应急救援的“作战方案”，是纸上谈兵。“作战方案”再科学、再周全，如果没有专业的人员、装备、物资技术及财力作保障，依然无法打胜仗。要打胜仗，不仅“作战方案”要科学，更须相关的应急人员、应急装备、应急资金等保障性措施实施到位。当前，还有很多人对编制应急预案抱着走形式，应付上级的心理，但对于相关的人员培训、设备配备、专项资金、应急演练等保障性措施却不管不顾，结果等到事故发生，照样不能及时有效地进行事故救援。更多的企业是怕花钱，心疼钱，重软件建设，轻硬件配置，等到发生事故了，才真正认识到应急保障措施的重要性。

五、不以结果论成败

从应急救援的发展历程来看，在很长的一个时期内，没有建立起标准化的应急救援评估体系，没有“救援标准”来衡量救援的成败，便只能从事故的最终结果来考察救援的成败。事实上，这是错误的，至少是不全面的。

任何事故的发生，无论救援的成功与否，都可能导致人员的伤亡和财产的损失。怎么才算成功呢？过去，只要发生了群死群伤重大恶性事故，救援工作做得再多，往往也不被认可，这既不合理，也不科学。

救援成功，概括来讲，就是只要应急管理到位，应急预案科学周全，应急保障措施到位，按照应急预案的程序进行了有序的应急救援，这样的应急救援从总体上就应是成功的。如果出现应当避免、能够避免，而没有避免的情况发生，那么，即便结果并未恶化，这种应急救援也是失败的。这个失败，可能是预案编制的失败，可能是应急保障的失败，也可能是组织实施的失败。总之，不能不顾救援的过程而只从结果上来判定成败。

六、“视情放弃、科学逃生”理念得到公认

从传统上讲，发生事故，奋勇抢险、永不放弃的做法被广为认可。但是，随着人们对科学的认识不断提高，这种传统观念正在迅速转变为视情放弃、科学逃生。譬如，当看到一个着火的油罐白烟滚滚，抖动啸叫，爆炸已经不可逆转之时，应该立即停止现场的灭火行动，将灭火人员及时撤离到安全地带，避免爆炸对抢险人员造成重大伤亡。这种抢险操作终止，其实就是最正确的抢险操作。

对此理念，已经从一种认识上升为一种方法，即更多的人将何种情况下应弃救逃生作为应急救援的一项重要内容。如果在新的危险到来之时，不能及时视情放弃抢救，及时逃生，而依然英勇抢救，最终造成重大伤亡，特别是救援人员的伤亡，那么这种行为将不会再被冠以英雄的伟大壮举，而只能被称作无知者的愚蠢行为。

七、成功经验的具体表现

在应急救援实践中，上述成功经验有以下 7 种具体表现：

1. 预案科学，实施正确

预案的编制从组织、人员、时间、经费等方面都得到了良好的保障，就会编制出具有良好针对性、实用性、科学性的预案，只要正确实施，救援行动就会取得成功。

2. 报警及时，行动迅速

时间，对应急救援行动的成功非常关键。早一秒报警，早一秒行动，抢险就多一分主动，多一分成功。

3. 指挥得力，配合默契

应急预案的启动与过程实施，都是在指挥部的指挥下进行的，指挥正确得力，各方应急力量配合默契，协调行动，就为救援行动的成功打下了坚实的基础。

4. 程序规范，操作正确

应急响应程序与具体操作是否正确，是化解险情、控制事故的关键。对任何情况，有预案也好，无预案也罢，只有遵照规范的程序，科学正确地操作，才能彻底化险为夷。

5. 装备齐全，物资充足

装备与物资是应急救援的“硬件”，“硬件”不过硬，出现打仗没有枪，有枪没子弹的情形，怎么能打胜仗？只有与预案相配套的装备配备到位，相应的救援物资充足，才能打硬仗，打胜仗。

6. 培训到位，技术全面

人是应急救援行动的主体，应急人员素质的高低，决定着应急救援效率的高低，结果成败。要提高应急救援人员的素质，应急培训就必须到位。应急人员技术全面，就会正确指挥，正确操作，特别是机动灵活地应对新情况、新问题，从而保证在复杂的情况下，都能取得应急救援的成功。

7. 信息公开，过程透明

社会力量对应急救援的成功具有不可忽视的重要作用，如果不能获得公众的理解与支持，一些交通管制、人员疏散、物资调用、人员调用等措施就不会得到顺利的实施，从而影响整个救援行动的进程与结果。因此，将救援信息及时发布，做到全过程公开透明，对于赢得群众理解，稳定群众情绪，获得外界支持，保障社会稳定，保障救援行动的圆满成功，都具有重要作用。

第二节 应急救援的失败教训

回望历史，应急救援的失败案例远多于成功案例，按照常理，应急救援失败的教训应该更多一些，但事实并非如此。事实上，应急救援失败的教训具有很大的重复性，也就是说从具体的每一起事故救援失败的原因上进行分析，具有很多的相似性、重复性。这种成功经验与失败教训的反差，应该对应急救工作形成一种指导：吸取失败的教训固然重要，但总结成功的经验，并不断解决问题的新方法、新思路更为重要。

一、失败教训的分类

应急救援的失败教训，从总体上分，主要包括以下几点：

1. 没有编制应急预案

许多单位对待事故的防范与处置，还是经验式管理而非预防式管理。即只针对已经发生的事故制定简单的现场处置措施，并在安全操作规程中列出，而没有事先对潜在的危险进行全面的辨识与评估，并从组织机构、响应程序、保障措施等方面全盘考虑，编制系统完整的应急救援预案，许多不曾考虑到的“意外”情况发生，就会造成应急救援的失败。

2. 应急预案不完善

随着政府应急救援工作的强化，应急救援受到了广泛的重视和理解，许多单位都编制了事故应急救援预案，但是，许多应急预案由于缺乏有力的组织、专家的支持、经费的保障，而编制得不完善，突出表现为不系统、不完整、不科学，有些“四不像”——比原来的事故处理措施系统了，但又离规范的应急预案编制要求相去甚远。预案不科学、不完整，也容易带来救援行动的失败。

3. 应急管理体系没有建立

应急管理体系是从事前、事中、事后进行管理的全过程管理体系，现在许多地方应急管理体系没有建立，对应急救援特别是重大事故应急救援的成功带来了严重制约。譬如应急组织机构没有建立，对情况复杂、救援难度大的救援行动，不能从应急信息的沟通、应急力量的协调上满足救援行动的需要，就无法取得救援行动的圆满成功。

4. 应急保障不到位

这一问题在实际生活中非常突出。应急预案有了，要在实际救援中真正发挥作用，离不开人员、队伍、装备、物资等保障措施的到位。然而，现在许多企业有了预案，却未能建立相应的机构、成立相应的队伍、配备匹配的装备。应急保障不到位，拿着预案纸上谈兵，救援行动怎么能成功呢？

二、失败教训的具体表现

应急救援的失败教训主要有以下几点：

1. 没有预案，应急混乱

只要编制了应急预案，哪怕还存在预案不系统、装备不到位等问题，事故发生之后，救援行动往往还会遵循一定的程序，有些“章法”，救援行动可能失败，但是，失败的可能性小了很多，特别是后果会在相当程度上得到弱化。

而如果没有应急预案，没有遵循一些至为关键的程序进行处置，就不能有备而战，从容应对。没有准备，匆忙应对，极易造成应急行动的混乱。如此一来，不仅救援失败的可能性增大，而且事故后果往往急剧恶化。譬如2003年“12·23”重庆市开县特大硫化氢中毒窒息事故，当时气井中大量含有高浓度硫化氢的天然气喷出并扩散，没有及时点火，没有及时疏散周围群众，这两个环节发生重大失误，是最终造成243人死亡、2142人中毒住院治疗恶果的重要原因。

2. 方案不当，指挥失误

应急预案不科学，主要体现几个方面：一是对危险源及其风险辨识不足，没有预案的“意外险情”太多；二是事故应急处置的程序出现重大错误；三是救援形式的单一，只考虑自救，没有考虑寻求外部力量救援，或者只有笼统的要求，没有可操作性的措施，如要寻求地方支援，却不知道该找谁，知道该找谁，却因不知道联系方式而找不到；四是没有明确放弃抢救逃生的情形；等等。

从理论上讲，应急预案要做到百分百地科学、完整，特别是要考虑到任何一种意外情形，是不可能的。但是，预案出现明显的程序上的错误、指挥上的错误，往往是致命的，因此，预案可以做到不完整，但是应该做到既定的预案内容是科学的，如若不然，就可能导致应急救援的重大失败。

另外，现场指挥失误的现象也比较普遍，有些还非常典型。譬如，面对即将发生爆炸的油罐，面对已经远远超过耐火极限的楼房，没有指挥救援人员迅速撤离，结果造成罐体爆炸、楼房垮塌从而导致救援人员群死群伤的恶果。

3. 延误报警，错失良机

事故发生之后，发展速度往往非常快，早一秒抢救，就会多一分主动。因此，发生事故及时报警，是应急救援的第一步。但是，诸多事故应急救援的失败，都是因为事发之后，没有及时报警，不知如何报警，浪费了宝贵的救援时间，错失了救援的最佳时机。

4. 估计不足，指挥不力

对突然发生的险情不敏感，对其潜在的危险性估计不足；对事故发展过程中的一些异常情况不加重视，不加分析，这都容易造成思想上的轻视，指挥上的不力。譬如，对外界气候恶化的趋势、对火灾燃烧的恶化趋势估计不足，就可能导致现场救援力量不足，扩大应急力量补充滞后，造成应急行动的中断，从而前功尽弃，导致整个救援行动的失败。

5. 素质偏低，操作错误

指挥人员素质低，就不可能高效有序地指挥，操作人员素质低，就可能危险看不到，设备用不好，该上不去上，该逃又不逃。如此种种，就会导致应急救援行动的失败。

应急救援人员素质偏低，在目前是一个普遍现象，这与当前中国企业从业人员的文化素质及应急救援工作的复杂密不可分。因此，要想应急救援取得成功，还必须大力加强应急管理、应急指挥、应急操作等相关专业人员的培训，特别是加强应急演练，提高他们的思想素质和业务素质，为保障应急救援的成功进行提供优良的人力资源。

6. 装备不齐，物资不足

现在许多单位应急预案有了，但是与应急预案相配套的应急装备却配备不全，相应的物资装备也不充裕。应急预案再科学，也就是作战方案再准确，如果作战的武器——应急装备配备不到位，应急救援行动仍难以成功。譬如：发生了高空火灾，却没有消防炮、举高车等高空灭火装备，就无法开展救援；发生了毒气泄漏事故，没有空气呼吸器，也只能望而却步。应急救援装备不足，往往成为救援失败，特别是因此造成救援人员伤亡的重要原因。

经验是前进的台阶，是用鲜血甚至生命换来的财富，需倍加珍惜；教训同样是前进的基石，也是用鲜血甚至生命换来的财富，需牢牢汲取。不断总结，不断探索，扬长避短，就能不断把应急救援在科学的轨道上推向前进，促进应急救援能力的不断提高，促进应急救援的成功进行，为最大限度地避免、减少人员伤亡、财产损失和生态破坏作出有力保障。

第二章 经验类救援案例与精析

第一节 预案科学，实施正确

一、液化石油气球罐泄漏，多措并举安全封堵

2006年12月4日6时30分，辽宁省抚顺市某液化石油气公司2号球罐发生液化石油气泄漏事故，外泄的液化石油气将工人冻伤，大量的液化石油气喷涌而出，迅速向外蔓延。

6时36分，抚顺市消防支队值班室接到报警后，立即调动5个消防中队，25台消防车、125名消防官兵前往事发现场实施救援，并向市政府、辽宁省消防总队值班室、市公安局指挥中心报告情况。

事故发生后，抚顺市政府领导第一时间赶到现场，成立了事故处置临时指挥部，立即启动《抚顺市燃气重大事故应急处置预案》，组织安监、公安、建委、环保等部门对事故进行处置。接到险情报告后，省政府领导，省公安厅、安监局、环保、消防总队等部门领导也相继赶到现场。

针对现场的实际情况，指挥部决定采取5项措施：一是立即设置警戒区，实行交通管制；二是紧急疏散居民，关电熄火；三是停止周边企业生产；四是采取积极措施，准备关闭泄漏阀门，成立3个小组，成梯队掩护接应，关闭泄漏储罐阀门，防止液化石油气继续泄漏扩散；五是用2支喷雾水枪掩护驱散液化石油气，并设置2支泡沫枪，对泄漏储罐的整个防护堤进行覆盖处

理，阻止已经泄漏的气体快速挥发。

救援人员按职责分工，有序进入紧张工作。

通过现场进一步掌握的情况，指挥部制定出了 2 套处置方案：一是保护技术人员实施关阀堵漏；二是组成 2 个堵漏小组，一旦关阀失败，实施强行堵漏。

7 时 50 分，指挥部决定实施第一套方案。消防队员协同 2 名技术人员组成关阀堵漏小组成功地进行了堵漏。8 时 10 分，消防队员用泡沫枪对罐区防护堤内进行泡沫覆盖，缓解气体的蒸发量。指挥部同时命令消防队员用水枪彻底清除低洼地带沉积的液化石油气，防止发生爆炸。

13 时 40 分左右，为了彻底消除危险源，省消防总队组织消防专家进行论证，决定启动另一液化石油气公司的锅炉（距泄漏点 150m），利用蒸汽对泄漏阀门进行吹扫，并修复阀门，同时对防护堤内的残液进行蒸汽吹扫。至 15 时止，大气中泄漏物质含量达到大气质量标准要求，15 时 30 分，被疏散人员全部返回住处。至此，此次液化石油气泄漏事故被成功处置。

案例精析

对液化石油气球罐泄漏的处理，必须程序正确，措施具体，操作精细，如若不然，就可能演变成着火、爆炸事故，造成难以估量的后果。如 1998 年 3 月 5 日，西安某煤气公司液化石油气管理所一储量为 400m^3的球形储罐下部的排污阀上部法兰密封局部失效，造成大量的液化石油气泄漏，在抢险处置过程中，就因处理不当发生爆炸，造成 11 人死亡，31 人受伤。

此次事故的成功处理，有以下五点经验可取：

一是在事故发生后，及时启动应急预案，指挥组织得力，调集各方力量形成合力，共同抢险。

二是指挥部针对现场的实际情况先行采取的 5 项措施很正确，对防止爆炸事故的发生，避免群死群伤起到了重要的保障作用。

三是成立 3 个小组成梯队掩护接应，以关闭泄漏阀门，这种部署很科学，充分考虑了当时气体泄漏、环境低温状况下关闭阀门的难度和危险，成立多个小组，就会有力保障工作的连续性。

四是通过现场进一步掌握的情况，指挥部制定出了两套堵漏处置方案，充分考虑了可能发生的意外，并相应地制定了应对的措施。这就为应急救援的顺利进行，特别为关阀堵漏失败接替实施强行堵漏的有序衔接作好了准备。

五是堵漏成功后，采取一系列缓解气体蒸发、清除低洼地带沉积的液化石油气、利用蒸汽对泄漏阀门进行吹扫、修复阀门等措施，从根本上消除了隐患、预防了爆炸事故的发生。

二、天然气井喷如雷，4600 人安全转移

轰！轰！2004 年 12 月 2 日凌晨 2 时 50 分左右，伴随两声犹如惊雷的巨响，惊醒了曲靖市麒麟区珠街乡桂花村正在熟睡的人们。巨大的柱状浓雾从某勘探公司曲 2 号井井底喷涌而出，整个村庄犹如下了一场大雾，朦朦胧胧什么也看不清。村民们陷入惊恐和混乱中，“发生井喷了，快往高处撤啊”的吼叫声不绝于耳。由于喷出的天然气属于纯天然气，不含有硫化氢等有毒物质，但极易燃爆，如果发生燃爆，对井场工人和附近村庄 4600 名村民的生命财产安全构成极大的威胁，就是救援消防官兵也无法逃生。

在此紧急情况下，事故应急救援立即启动：

（1）井喷发生后，钻台上的工人首先关闭了钻机，停止钻井工作，全力封堵井口，并向上级立即汇报，请求当地政府组织疏散群众。

（2）群众有条不紊地撤离。在 11 月 26 日开始打井施工的时候，打井队就在井场周围用围栏围住，禁止人员进入现场，并在桂花村及附近的村庄中散发了近千份通知书，说明了井场出现井喷或失控等紧急的情况下，请村民不要围观，要沿上风风向高处撤离，远离现场及危险区域。同时，井队还绘制了紧急撤离现场示意图，对出现井喷时村民在何处集结，由谁组织撤离标得十分清楚。

（3）接到报告后的曲靖市麒麟区、沾益县等有关领导立即启动紧急事故处理应急预案，组织人力进行抢险工作。3 时 30 分，曲靖市消防支队、麒麟区公安分局组织了 180 多名干警在麒麟区委副书记的带领下赶到现场，组织抢险及疏散群众工作。

① 及时成立人员疏散组，负责疏散村民及家中火源处理，确保警戒范围内所有人员安全撤离。手掌、手帕、毛巾，人们用各种各样的东西捂着口鼻，还有人撩起衣角捂住鼻子，舍下家财，甚至顾不上穿衣，紧急撤离。

② 成立事故处理组，负责井喷现场技术处理，对有毒有害气体进行监测，组织消防车洒水降温，确保井喷现场不发生火灾；卫生、环保等部门也组织人员在现场进行救护、对生活饮用水源进行监测等。

③ 对现场进行封锁，确保不因意外的火源引发爆炸。

由于宣传到位，应急预案布置清楚，因此，事故发生后，在当地政府的组织下，井场周围群众有序快速地疏散开来，至清晨 5 时，4600 余名村民全部转移完毕，无一人遗漏。

（4）供电部门也拉了闸，停止供电，以免电源引燃引发天然气燃爆事故。

（5）因为井喷出来的气柱中含有泥沙，如果天然气在井口周围浓度过高，泥沙碰到铁塔上后稍有火星就会引发危险，因此封井口不成功后，便始终使用水来稀释气柱，压住泥沙碰撞铁塔产生的火花。

经过所有救援人员的努力，到 7 时 30 分，井喷终于被成功封住。村民们陆续返回自己的家中，此次井喷事故没有造成人员伤亡。

案例精析

这次事故，与重庆开县“12·23”特大天然气井喷事故极其相似。

重庆开县“12·23”特大天然气井喷事故是高含硫天然气井喷，事故造成243人死亡、2142人中毒住院治疗、65000名当地居民被紧急疏散，9.3万多人受灾，是我国石油行业类似事故伤亡人数最多的一次；云南曲靖“12·2”天然气井喷是纯甲烷天然气井喷，但同样可以导致人员窒息、爆炸火灾等重大事故后果。

两起事故，性质相似，但实际结果却因处理程序的不同而截然不同。最根本的原因，就是前者无及时点火、及时疏散群众、防范硫化氢毒害的应急预案，而后者则预案完备、启动及时。

正是：凡事预则立，不预则废。

三、“派比安”困住两船，91人全部脱险

受台风“派比安”影响，2006年8月3日6时，某海运公司所属“永安4”轮在广东省南部海域上川岛附近搁浅，船上共有23名船员生命安全受到严重威胁。

“海洋石油298”船是一艘无自航能力的八点系泊式海上生活、工程支持船。在“派比安”台风来袭前，该船已按照防台应急计划和撤离程序的要求，依据气象预报于8月1日16时30分，在南海216拖轮的拖带下离开作业现场避风，随船人员68人。8月2日晚，该船在南海西部海域拖航途中，与突然转向的台风遭遇，拖缆被大浪狂风拉断，随船人员和船只遭遇险情。

接到报警后，中国海上搜救中心立即启动海空立体救援应急预案，先后派出“德进”“华镇”等5艘专业救助船舶前往出事海域实施救援；并协调中国香港特区政府飞行服务队前往现场施救；中海石油湛江分公司、深圳分公司的2架直升机也分别起飞赴现场救援。

中海油总公司及有关的各级应急指挥中心根据中海油《危机管理预案》和《防台应急计划》，第一时间启动应急计划并进入应急状态，各单位主要领导及相关部门负责人迅速组织力量和资源

进行抢险。公司总部积极协调，指挥湛江分公司应急中心、船舶公司应急中心等单位开展抢险救援，及时调遣在深圳分公司的2艘拖轮为“298”船护航，并指定南海216拖轮为现场救援指挥船，由船长指挥现场其他船舶协同救援。3日下午，广州救捞局“德进”号船也赶到现场参加救援行动。

国家安全生产监督管理总局的领导和交通部的领导坐镇指挥救援工作。

在有关方面积极协调救助的同时，“海洋石油298”船也采取了一系列自救措施，按照预先制定的应急措施，紧急抛下备用锚，降低船只的漂移速度，保持适当的锚缆长度防止锚缆拉断。此外，在保持足够储备浮力前提下增加压载水，进一步降低船舶重心，增强船舶稳定性。这些措施对避免船舶出现更大的险情起到了重要作用。

但是，由于现场气象条件恶劣，湛江基地、深圳基地的商业直升机不能实施现场救援。为此，中海油应急指挥中心立即指示深圳分公司向中国香港特区政府飞行服务队请求援助，国家海上搜救中心也向中国香港特区政府发出协助救援的要求。

上下一心，多方协同，海空并行，8月3日12时50分，“永安4”轮船上23名人员全部获救并被转移至香港安置。

8月3日下午，中国香港特区政府飞行服务队经过2架次的直升机救援，从“海洋石油298”船上成功撤离了56人。后由于“派比安”登陆，香港、深圳、珠海等机场关闭，不符合起飞条件，飞行救援被迫暂停。

8月4日7时6分，中国香港特区政府飞行服务队直升机再次出动，成功救援了船上滞留的最后12名船员。

至此，2艘遇险船上的91人全部获救，“8·3”海难事故救援行动圆满结束。

事后，中海油对“海洋石油298”的救援成功总结了5点经验：

(1)编制海上石油生产作业应急计划为实施成功救援提供了重要的制度保障。

具体、细化的应急计划，在中海油处理井喷失控、火灾与爆炸、平台失控漂移、重大溢油事故、自然灾害(包括地震、台风、冰灾等)等应急事件中发挥了重要作用。特别是针对在海洋石油开采过程中，最大的自然灾害来自于台风的情况，编制了严格的防台应急计划。应急计划明确规定了在台风距离油田不同范围内应采取的防台措施和人员撤离安排。

在防御“派比安”台风中，中海油湛江分公司应急中心共调动8艘拖轮，33架次直升机，撤离海上油田796名人员，这些应急预案和措施，为避免人员和财产损失起到了关键作用。此外，作为应急计划的一部分，中海油各作业单位还与周边的救援机构建立了相互支援联系，如与中国香港特区政府飞行服务队签订的救援协议，成为实施此次成功救援的最终决定因素。

(2)建立危机响应机制和加强机构建设为实施成功救援提供了强有力的组织保障。

作为国有大型企业，中海油积极落实国家对应急体系建设的要求，再次对总部层面的应急响应工作进行梳理，把提高危机应对能力作为企业管理的重要内容和企业生存发展重要基础，予以重新认识，建立相关规章制度对处理危机时的机构设置及职能、应急流程、报告制度、资源调度、通信联络、媒体沟通、事后恢复等内容做了系统规定。

根据公司的组织架构和面对的生产经营风险，中海油实行了三级应急管理模式，即总公司、分公司(专业公司、基地公司)、作业现场(生产单位)，形成现场指挥和场外协调的应急指挥架构。危机响应机制和机构建设为高效圆满地应对各种突发事件提供了强有力的组织保证。

(3)结合实际开展适应性改造为实施成功救援提供了重要的物质保障。

“298”船是首次到南海西部海域作业，针对南海台风多的特点，从 2005 年 12 月到 2006 年 5 月，该船分别组织了 4 次专家论证会，对在南海海域的作业安全性、防台风要求进行论证。按照专家的建议，对“298”船实施了压载舱能力恢复、锚链加长和系统改造、拆除 2 层生活楼、重新编制稳性计算软件等改造内容。这些改造项目大大增强了“298”船的稳定性，提高了船舶抗台风能力，为这次成功救援奠定了坚实的物质基础。

(4)坚持开展经常性的应急演练为实施成功救援提供了重要的实战经验。

按照应急管理的要求，针对各类突发事件，中海油公司要求各生产单位(作业现场)定期开展应急演习和实战演练，提高应对突发事件的能力。如：每 20 天的倒班周期必须有一次海上油田的逃生演习；每季度必须有一次消防演习；特殊作业前的专项演习如井喷演习，进入可能发生井喷的井段后天天都要进行。据不完全统计，2005 年中海油各单位开展的不同级别、不同规模的应急演习和演练总数超过 3000 次，使全体员工积累了丰富的实战经验，从而做到临危不乱、处置有序。

(5)安全文化底蕴为实施成功救援提供了坚强的精神动力。

对“海洋石油 298”船遇台风袭击的成功响应，得益于中海油先进的安全理念和层层建立的应急系统，得益于长年积淀并成为员工行为指南的安全文化，体现了中海油良好的执行文化。遇险后，298 船上人员和承担守护、营救任务的人员沉着应对、临危不乱，表现出了海油文化所塑造的优秀品格。特别是 298 船的船长和船员，在恶劣的海况条件下，冒着生命危险释放应急锚，有效避免了事态的进一步恶化。在撤离时，船长带领船员坚持最后离船，表现出了高度的敬业精神和责任感。

案例精析

台风肆虐，波涛汹涌，91 人遇险获救，他们无疑是幸运的。

这种幸运，来自国家安全生产监督管理总局、交通部、国家安全生产应急救援指挥中心最高决策者的坐镇指挥，运筹帷幄；来自中国海上搜救中心、香港特区政府飞行服务队的全力合作；来自中海油扎实的应急管理工作；来自与日益强大的祖国同步装备的强大海空救援装备；来自一套有序运作的应急救援体系。

然而，每起事故，不可能都让部长指挥救援；应急装备，不可能全都功能先进；应急体系，不可能都做到完美。只愿随着国家应急救援工作的加速推进，应急救援工作更受重视，应急救援体系更加完善；随着经济建设的腾飞，救援装备配备更全，功能更强；随着和谐社会的构建，以人为本的救援理念更加深入人心。期盼有一天：台风再大也不怕——任凭风浪起，稳坐钓鱼台。让每一位遇险者都拥有幸运。

四、主机故障渔船遇险，正确处置人船平安

2006年12月7日15时29分，浙江省嵊泗籍“浙嵊渔运1012”轮(船长约10m，原为渔船，现名为自命名，船员3名，非法搭载人员24名)从大洋山开往小洋山途中，在距小洋山1海里(小岩礁附近)处主机故障后，洋山镇派出10名修船工人登轮修理(船上共37人)，未能修好，请求救助。

接报后，上海市海上搜救中心立即启动应急预案。派出正在巡航中的交通部海事执法船“海巡1008”轮，协调交通部专业救助船“东海救198”轮及附近水域航行和作业的“沪环货301”轮抵达现场，考虑到天色将晚，风浪将逐渐增大到7~8级。为确保人员安全，现场决定将34名遇险人员转移到“海巡1008”轮，暂留3名船员配合“沪环货301”轮将遇险的“浙嵊渔运1012”轮拖往大洋山港东南避风锚地。

16时30分，“海巡1008”轮载34名遇险人员安全抵达大洋山客运码头，“浙嵊渔运1012”也被拖到安全水域锚泊。险情排除。

案例精析

这是一次普通的海上抛锚船只解救案例。

一般情况下，救援者会按照常规派出救援船，将遇险船只拖到安全水域就了事。但上海市海上搜救中心在启动应急救援预案后，立即派出海事执法船并协调了另外2艘救援船共同抵达现场，先将遇险船只上的绝大多数人员转移到海事执法船“海巡1008”上，只留3名船员配合救援船只“沪环货301”轮，将遇险船只拖往大洋山港安全水域锚泊，排除了险情。

看似一次普通的海上营救，但上海海上搜救中心实施的应急救援预案方案却颇具特点：其一是协调了另外2艘救援船共同抵达现场；其二是在第一时间先将大多数被困人员安全转移，只留少数人员拖救遇险船只。这些做法充分体现了以人为本、谨慎、周全、稳妥的原则。

因为海上出现险情时情况比较复杂，潜在很多困难和风险。救援行动一开始，就先协调2只以上的救援船只同去，为成功救援提供了可靠的设施和人力条件；充分考虑到当时天色将晚、风浪渐大的实际情况，先行救人，避免了在海上风暴意外出现时可能造成多人伤亡的悲剧。这些做法，将救援行动中潜在的风险降低到了最小程度。

此次事故起因很简单，整个救援过程也只有短短的一小时。但是，假如当初该船在修理未果的情况下，不及时请求救援，或者上海市海上搜救中心没有应急预案，不能按照一系列规范的程序进行操作，特别是在天色将晚，风浪将逐渐增大到7~8级的情况下，果断将34名遇险人员转移到“海巡1008”轮，那么，一旦在夜色之中，出现意料之外的大风大浪，那么，整个救援也将变得复杂艰难，后果难以设想。

因此，此次救援的成功，首先是“浙嵊渔运1012”轮在非法搭载24人的情况下，有良好的风险意识，及时报警求救，为应急救援争取了时间上的主动。如果因为非法搭载多人，而不敢报，或等到风急浪大，船舶失控时，再报警求救，那结果可能就大不相同；其次，就是上海市海上搜救中心早有应急预案，做到了有备而战，科学应对。

第二节　报警及时，行动迅速

一、丙烯罐车翻车泄漏，联动及时隐患消除

2006年4月9日21时，某化工公司一辆充装了26t丙烯的罐车，行至甘肃天巉公路K65km+700m时，由于刹车失灵，在冲上紧急避险地带时发生侧翻，车体严重损坏，丙烯罐车的压力平衡管断裂，丙烯泄漏。

甘肃省天水市政府及安监部门、消防和交警在接到报警后，于22时30分赶到事故现场，紧急封锁了现场道路，疏散了周边群众，采取措施堵漏，由于缺乏专业力量，堵漏没有成功。

4月10日上午，甘肃省安监局接到报告后高度重视，应急救援办公室立即通知某石化公司，并与其相关负责人及专家组和消防、气防、堵漏等救援队伍，一并赶赴现场。经过多方努力，4月10日15时30分左右，泄漏点被成功封堵。

为确保安全，甘肃省安监局协调省交警总队安排护送，将受损丙烯罐运至某石化公司，由该公司帮助事故单位对受损丙烯罐进行倒装妥善处置。至14日上午8时，受损丙烯罐倒装工作完成，"4·9"事故受损丙烯罐造成的重大隐患被彻底消除。

案例精析

丙烯，不仅易燃易爆，而且有毒，具有麻醉作用。如果发生大面积的泄漏，极易引发着火、爆炸、中毒事故。

从此次事故应急救援过程上看，有三点做得很成功：

一是天水市政府及安监部门、消防和交警在接到报警后，及时封锁现场道路，疏散周边群众，这为有效避免火灾、爆炸、中毒事故作出了有力保障。

二是甘肃省安监局接到报告后，立即组织专家组和消防、气防、堵漏等救援队伍，为技术方案的科学制定和方案的顺利实施奠定了基础。

三是彻底消除隐患。泄漏罐体被成功封堵后，甘肃省安监局协调省交警总队安排护送，将受损丙烯罐运至某石化分公司，由该公司帮助事故单位对受损丙烯罐进行倒装妥善处置，做到了彻底消除隐患，避免次生事故的发生。

但是，对于缺乏专业救援力量的基层救援队伍，在进行堵漏没有成功的情况下应及时向上一级省安监局汇报，寻求相关专业力量进行处理，这样救援时间必将大大缩短。

因此，为了提高紧急情况下指挥决策的前瞻性、科学性、完整性和时效性，必须牢牢把握化工事故的突发性、多变性、发展快、任务急的特点，加强应急预案的制订和演练。同时，要努力打造专业性强、机动性强、装备优良、反应快速、经验丰富的化工抢险救援消防队伍，做到招之即来，来之能战，战之能胜。

二、大型液化石油气槽车翻车，联动迅速正确成功排险

2005 年 2 月 4 日 16 时 40 分，一辆载有 31.34t 液化石油气的超长大型槽车，在西潼高速公路华阴罗夫段 107km 处，左前轮爆胎侧翻在公路上。近百吨重的车体仍以巨大的惯性，连续撞毁 24 节金属隔离栏，向前滑行 104m 起火。油箱外泄的汽油所燃起的大火正在向拖车蔓延，巨型的液化石油气罐随时都有可能爆炸，情况万分危急。

渭南高速大队民警到现场后，立即向110指挥中心和大队领导报告险情，请求增援，同时在现场指挥被堵塞的车辆迅速有序地退离火海，并在渭南、华县、华山、罗夫进出口进行交通管制，分流车辆。而已进入现场的几百辆车中，夹杂着很多装载有二三十吨货物的半挂车，要全部退到15km以外的安全位置，时间极其紧迫。高交大队负责疏导撤离的民警抱着对人民生命财产高度负责的精神，步行15km，一辆一辆地指挥车辆后撤，确保了现场两端15km内无一车辆，保证消防通道畅通。由于民警们临阵不乱，到位神速，措施得力，有效地控制了混乱局面，为随之而来的消防抢险队伍及时开辟了一条抢险通道，保证了抢险队伍及时进入各自位置，使灭火战斗顺利打响。

17时40分，在消防官兵的强大攻势下，冒着冲天浓烟的大火终于扑灭了。然而，翻车后的槽车排气管道及阀门局部损毁。无色的液化石油气从管道的破损处不断渗出，浓烈的刺鼻气味在空气中弥漫，严峻的险情依然存在。大队与拖救队联系，调集大型吊车、大货车、牵引车，为实施罐体气体的转移做好了一切准备。在市政府的统一指挥下，市公安局及交警支队的领导，会同市安监局、市技术监督局、市建委的领导和抢险人员，市天然气公司的专家，路政管理人员、施救人员和设施很快都赶到了现场。

经过专家会诊，制定了切实可行的方案，一场各部门协作，多警种配合的攻坚战，在专家的指导下紧张地展开。施救队在专家的指导下，认真、细致、谨慎地开展了施救、吊装工作。历时5个小时，将侧翻的液化石油气罐吊正，挂上了牵引车。在高交大队警车和消防车的贴身护卫下，液化石油气罐车被牵引下了高速公路，送往华县液化石油气站。5日8时，中断了15个小时的西潼高速公路又恢复了正常通车。一场可能发生的灾难，在市政府主要领导的果断指挥下，在多部门、多警种紧密配合，共同努力下，终于化险为夷。

案例精析

大型液化石油气槽车因左前轮意外爆胎翻车起火，巨型的液化石油气罐随时都有可能爆炸，周围居民的生命、秦岭发电厂的生产、繁忙的陇海铁路交通大动脉的运行都将受到严重威胁，情况万分危急。

渭南高速大队民警临阵不乱，到位神速，及时报警，启动救援预案，在渭南市政府主要领导的果断指挥下，在多部门、多警种紧密配合，共同努力下，终于化险为夷，避免了一场巨大灾难。这起应急救援成功案例表明，完善科学的应急救援预案可以在意外事故中发挥重大的作用，可以有效地抢险救助，防止灾害扩大。因此，建立各级应急救援指挥系统，建设相应的救援基地，组建救援抢险专业队伍，并配备必需的救援设备、防护器具和物资等是必不可少的。

类似事故，在近些年是比较常见的，而且，公路运输液化石油气还会占据相当的数量，因此，此类事故在今后将依然不会少见。

处理此类事故，从处理程序及具体处置方法上讲，应该都是比较成熟的，只要按照相应的程序和操作要求进行处理，一般会得到较好的处理。关键之一就是险情处置要快，特别是消防队伍到达现场要及时；二是组织指挥有力，各方协调配合，像交通管制、大型调运装备、后期处理单位等往往需要政府指挥协调；三是处置操作要严格、科学。一句话，“快速反应”是基础，“正确操作”是根本。

三、蔗渣失火快速灭，高危储罐免殃及

2004年4月13日17时许，柳江县洛满镇某人造板公司发生一起火灾事故，堆积在厂区内的蔗渣不慎失火，火势较大，一时难以控制，并威胁到距料场不远处一内装3t柴油罐和一内装30t

甲醛罐的安全。

接到事故报告后，柳江县立即启动应急救援预案，县委书记等领导牵头有关部门赶赴火灾现场开展扑救工作，并及时向柳州市求援。柳州市接到求援报告后，紧急调动市消防支队，武警以及相关企业专业消防队前往支援。柳州市消防支队到达火场后，立即成立火场指挥部，组织疏散物资及抢救火场被困人员，在火灾扑救中，柳州市委书记等党政领导也率市安监、公安、消防等部门负责人亲临现场指挥救援，全力确保油罐和甲醛罐的安全，防止两罐爆炸燃烧。

至当日 19 时 30 分，火势得到基本控制，次日早上 7 时许，火灾被完全扑灭。据初步统计，这次大火共烧毁蔗渣 1 万多吨，过火面积 9000 m^2，造成直接财产损失约 94 万元。无人员伤亡，油罐和甲醛罐安然无恙，保住了厂房内人造板 300 m^3、生产线一套等一批财物，价值约 210 万元。

案例精析

险情发生，从上级到下级，从领导到职工，各部门各组织能重视起来，小事当大事抓，不疏忽，不推卸，不等它恶化，就将其化解。

这场事故能够在两个半小时内控制，无人员伤亡，救援人员的报警及时、行动迅速至关重要。柳江县接到事故报告，立即启动应急救援预案，展开救火行动，柳州市消防支队成立火场指挥部，抢救被困人员，组织疏散物资，这些应急举措是非常正确的。如果该人造板厂人员知情不报，或柳江县接到事故报告后推迟转移，必将导致事故的进一步恶化，到时，可能不仅仅是柴油罐、甲醛罐的爆炸惨状了。

在救援行动中，能够首先营救被困人员和控制危险源，这体现了救援的准确和有效。虽然造成了很大的经济损失，但是从应急救援上来说，救援行动无疑是正确有效的。

四、电厂煤粉突发自燃，迅速处置免生大难

2006年5月14日，牡丹江某发电厂10×10^4kW机组2号锅炉的煤粉仓部分煤粉自燃，当班操作人员紧急启动《制粉系统火灾事故应急预案》，燃料分厂、发电分厂职工按照预案有序进行处理，避免了一起重大制粉系统火灾、爆炸事故。

当天凌晨5时10分，该厂燃料分厂值班员在输煤五段进行煤仓配煤工作，发现锅炉粉仓输煤绞笼下方有白烟冒出。值班员意识到有火灾险情发生，立即跑到锅炉粉仓查看，发现锅炉输煤绞笼下方部分煤粉自燃，在大约4m范围内部分煤粉因自燃已形成了炭火。此形势如不立即控制，将会殃及整个输煤系统、制粉系统，后果不堪设想。

值班员迅速向分厂调度、锅炉运行班长、值长汇报。

接到险情报告，燃料分厂、发电分厂立即启动《制粉系统火灾事故应急预案》，发电分厂锅炉值班员、燃料分厂值班员迅速赶到粉煤仓，清除自燃煤粉，隔离一切可燃物，避免了一起因煤粉自燃而引发的火灾扩大事故，保护了整个输煤系统、制粉系统的安全。

此前，针对2002年某甲发电厂因输煤段内积煤过多，导致粉煤自燃、烧损皮带的恶性事故以及2004年某乙发电厂火焊作业引起积煤燃烧，导致整个输煤系统毁之一炬的事故，该发电厂吸取教训，进一步完善了包括《制粉系统火灾事故应急预案》等28项应急预案，努力将煤粉自燃等险情消灭在萌芽状态。

案例精析

这次事故应急处理，体现了应急救援的最高水平——“止之于始萌”，避免了火灾事故的发生。能达到这种最高水平，有三点极为重要：

一是值班员警觉性高，报警及时。当他意识到有火灾险情发

生，便立即跑到锅炉粉仓查看；在发现锅炉输煤绞笼下方部分煤粉自燃已形成炭火，立刻意识到如不立即控制潜在危险后果不堪设想；紧接着迅速向分厂调度、锅炉运行班长、值长汇报。

如果值班员警觉性差，意识到可能发生火灾而不去核实，看到煤粉自燃形成了炭火，却想不到接下来的危害，那么，他很可能就不会上报，慢慢处理。若此，事故就必然迅速朝着重大制粉系统发生火灾、爆炸事故的方向发展。

二是相关单位按照预案，有序处理。接到险情报告，燃料分厂、发电分厂立即启动《制粉系统火灾事故应急预案》，将事故成功化解于萌芽之中。

三是借它山之石，攻自家之玉。该发电厂借鉴事故教训，编制完善预案。在此次事故处理中，正是及时启动完善后的《制粉系统火灾事故应急预案》，避免了重大损失。

这次事故的过程很简单，处理得也不复杂，但是，若报警不及时，应急无准备，预案不完备，那后果还真不敢设想。

五、两船相撞一船沉，92 人全脱险

2006 年 6 月 19 日 10 时 14 分，珠海市搜救分中心值班室接到报警，4min 前，珠海籍高速客船“东区 1 号”从香洲港开往东澳岛途中，与澳门(中国)开往香港(中国)的香港籍高速客船“新轮 85”在珠海香洲港对开海域 10 海里处发生碰撞，“东区 1 号”进水并开始下沉，船上 86 名乘客和 6 名船员待救。

珠海市搜救分中心接报后，即刻启动海上突发应急救援机制，值班人员立即报告广东海事局总值班室。10 时 16 分，珠海海事局调派公安边防、渔政等部门共计 17 艘船艇现场施救，并立刻发布航行警告，防止其他船舶触碰沉船。“东区 1 号”也按下了香港海事、澳门海事部门的 DSC 应急按钮，澳门海关和澳门港务局也派出 15 艘船只，先后到达事故现场救助。这样，珠海的应急预案和粤港澳深四地的区域联合应急反应机制实现了对

接。整个搜救链条完整，应急资源得以发挥最大效能。

碰撞发生后，满载旅客的“东区 1 号”客轮船体马上开始进水。此时正乘坐该船准备返回驻地的万山边防工作站的 6 名官兵分成 3 组，与船上工作人员一起组织旅客展开自救。当救援人员赶到现场时，珠海籍客轮“东区 1 号”的半个船体已沉入海中，而香港籍客轮没有大碍，有 30 名乘客和 3 名船员已安全登上救生筏，边防官兵抵达后立即对其余遇险人员进行搜救。12 时 30 分，经过一个多小时的救援，92 名遇险人员全部安全送抵九洲港客运码头。旅客中一位刚参加完高考的女学生说：“如果不是及时援救，船上人员慌乱起来，伤亡情况很难预料。”

案例精析

事故发生，早一秒抢救，就会多一分主动。

珠海市搜救分中心、珠海海事局、澳门海关和澳门港务局，整个搜救链条完整，衔接顺利有序，应急资源得以发挥最大效能，是此次事故得以成功处置的重要原因。

但是，更不能忘记人民子弟兵的勇敢与智慧对此次救援所发挥的巨大作用。当时正乘坐该船的 6 名官兵分成 3 组与船员一起组织旅客展开自救，这种看似简单的举动，在生活中却是不易做到的。此时，他们想到的不是自己身强体壮及时逃生，而是组织人员自救，这不仅是一种英雄的精神，更是一种智慧的行动。如果当时船上的人员慌乱行动，盲目逃生，那么，结果确实难以预料——已经开始下沉的船体，因大批乘客的慌乱拥挤跑动而失去平衡迅速倾覆，有何不能呢？而船沉大海，谁又敢保性命无忧呢？

当灾难发生时，别忘记：我救人人，也即人人救我。

六、大客车坠落水库，13 人获救生还

2001 年 6 月 8 日凌晨 1 时 40 分，广西钦州市灵山县灵东大

桥上发生一起大客车坠落水库的特大交通事故。这次事故造成车内司机乘客 29 人死亡，13 人获救生还，直接经济损失 6.1 万元。

6 月 7 日 11 时，驾驶员驾驶一辆大客车从广东东莞市虎门车站出发开往广西钦州市。8 日凌晨 1 时 40 分，客车行至灵山县灵东水库大桥北端，经过省道 20124 线 70km+600m 桥北端与路面连接的一凹陷路段时突然发生剧烈颠簸，然后向右侧滑，冲上右侧旁边高 0.25m 的人行道，撞断大桥西面 17.4m 的护栏后坠落到距桥面 8.15m、水深 2m 的水库中。一场因驾驶员疲劳驾车、违章超速行驶的事故就这样发生了。

住在灵东大桥旁边的居民发现客车落水后，立即拨打 110 电话报警，并下水营救落水旅客；灵山水库看护人员和迅速赶到现场的公安干警出动了巡逻艇抢救落水人员。经过奋力营救，共救起了 14 名乘客，其中 13 人生还，1 人经抢救无效死亡。

有关领导同志接到事故报告后迅速赶到现场，指挥抢救，并组织了交通、民政、卫生、武警等有关单位和部门共 300 多人开展事故抢救工作。钦州市委书记在事故现场召开了紧急会议，决定立即成立“6·8”特大交通事故处理工作领导小组，由市长担任组长，并对抢救工作作出了具体安排，划拨专项资金，做好善后处理。

6 月 8 日清晨，自治区党委、自治区政府接到事故报告后当即作出重要批示，并就如何做好事故处置工作提出了具体要求：第一，要继续打捞落水人员，当天晚上必须将大客车和遇难者打捞上岸；第二，自治区有关部门要迅速展开事故调查；第三，认真、迅速地做好遇难者家属的安抚工作。

正在该区进行督查指导工作的国家安全生产委员会有关领导立即赶到现场察看，指导开展事故抢救工作，并就如何做好事故的调查处置工作做了具体指示：第一，继续做好打捞落水人员工作；第二，继续抓紧事故的调查，调查工作由自治区负责，市县要积极配合；第三，做好善后处理工作；第四，市县要举一反三，吸取教训，把安全生产工作做得更好。6月9日18时，公安部交管局领导专程从北京赶到现场，指导开展事故的调查取证工作。

针对灵山没有专业潜水员以及沉车水库水深的情况，现场指挥领导小组一方面迅速从灵山、钦州调来重型吊车开展抢救工作，另一方面通知打捞队赶来救援。8日13时30分，沉车打捞工作正式开始，到17时，打捞出两具尸体；约23时20分，事故车辆被打捞上桥面；9日凌晨0时15分，开展清理事故车辆上遇难者遗体和遗物的工作，从车上共找出15名遇难者遗体，至此共发现了18具遇难者遗体。9日上午现场清理工作结束后，警戒工作解除，马上恢复通车。同时，指挥领导小组要求继续在现场周边水面搜寻。9日全天搜寻未发现其他遇难者遗体。10日晚有尸体浮出水面，至12日18时止在搜寻中陆续发现了11具遇难者遗体，之后再没有发现遇难者。15日水面搜寻工作结束。

案例精析

以人为本，建设和谐社会，是当今社会发展的主旋律。人命关天，抢救受害人员理所当然是应急救援的首要任务。此次交通事故中，周围居民能够在发现客车落水后，立即报警，并下水营救落水旅客，这种应急救援程序非常正确。

人的生命只有一次，汽车坏了，可以再买，人要死了，无法再生。从相关部门能够在接到报警后，立即采取措施救人，到自治区领导首先救人的批示，再到国家安全生产监督管理总局局长的亲临现场指导，整个救援过程贯穿了救人第一的重要思想，会最大限度地减少人员伤亡和事故损失，这也是在本次救援行动中13人获救生还的重要原因。

第三节　指挥得力，配合默契

一、雷击电网跳闸，有序处置险除

2005年6月21日，陕西省持续高温，陕西电网负荷上涨较大，全网负荷达6250MW。但由于系统出力不足、大机组故障、汉江来水偏枯等因素造成电网按错避峰预案控制负荷800MW，西电东送700MW，南庄线500MW。

安康水电厂通过330kV安柞Ⅰ线、安南Ⅱ线向关中地区输送480MW。21日15时54分，由于局部恶劣天气造成安南Ⅱ线、安柞Ⅰ线相继故障跳闸，电网出现大量电力缺口，西北电网频率降至49.69Hz，主要联络线西电东送达到1190MW，庄南线790MW，新马Ⅰ、Ⅱ线负荷1040MW，均已超出动稳限制，电网面临随时发生断线、振荡解列、大面积停电和电网瓦解的危急情况。

事故发生后，西北电网有限公司和陕西省电力公司领导高度重视，亲临现场组织事故处理。陕西省电力公司按照《陕西省电力公司重特大生产安全事故预防与应急处理暂行规定》，立即启动《陕西省电力公司大面积停电应急预案》，在国调中心和西北网调的指挥和帮助下，采取果断措施进行紧急事故限电和事故拉路，共计500MW，并将西北送华中电力由360MW降至40MW，快速恢复了电网稳定运行，将事故损失减少到最小程度，成功地化解了一起重大恶性事故。

1. 事故前运行方式

在陕西省境内气温持续高温，电网负荷上涨较大的情况下，由于系统出力不足、大机组故障、汉江来水偏枯等因素造成电网按错避峰预案控制负荷800MW。事故前陕西电网正常运行方式，全网负荷6250MW，西电东送700MW，南庄线500MW，安柞Ⅰ

线、安南Ⅱ线送出480MW，330kV 沣北线检修。

安康水电厂330kV和110kV系统按固定接线方式运行，4台机组运行，出力520MW。其中：2#、3#、4#机组通过安柞Ⅰ、安南Ⅱ线向主网送出480MW；1#机组通过110kV安流、安紫、大南线带安康地区电网运行。安康地区电网110kV系统按固定接线方式运行，通过安康水电厂5#联变与系统连接，负荷168MW。安康水电厂0#小机组出力40MW，岚河口水电厂出力50MW。

2. 事故经过

6月21日15时54分，330kV安南Ⅱ线两侧高频方向、闭锁保护动作，C相开关跳闸，重合成功。20s后，安南Ⅱ线两侧高频方向、闭锁保护再次动作，C相开关跳闸，重合失败。

15时55分，330kV安柞Ⅰ线两侧高频方向保护动作，B相开关跳闸，重合失败。

事故后西北电网频率降至49.69Hz，西电东送达到1190MW，庄南线790MW，新马Ⅰ、Ⅱ线负荷1040MW，均已超出动稳限制。同时，安康地区电网与系统解列，安康水电厂稳控装置动作切除0#机组，安康水电厂手动解列2#、4#机组，岚河口水电厂稳控装置动作，切除运行机组50MW，安康地区电网低周减载切34MW。安康水电厂1#、3#机组带安康地区电网孤网运行，最高频率达53.20Hz，负荷110MW。

16时50分，灞桥电厂12#炉磨煤机跳闸，减负荷100MW。

3. 事故处理及恢复情况

（1）事故处理

① 西北网调

事故发生后，立即令陕西省调限电400MW负荷，同时增加未带满出力的电厂出力，控制相关联络线在稳定极限内。

15时59分，令陕西省调根据陕南电网情况开启石泉水电厂备用机组，并协调甘肃省调增加直供陕西电网的碧口水电厂出力。

16时10分，将事故简要情况汇报国调中心并请求事故支援。国调中心对此给予了大力支持，16 时 22 分将西北送华中电力由 360MW 降至 40MW。

17 时，令安康水电厂做好机组带线路零起升压的准备工作。18 时 3 分，安康水电厂将接线方式和线路保护定值调整完毕。18 时 15 分，安康水电厂 4#机组对安柞 I 线零起升压正常。18 时 46 分，安柞 I 线由柞水侧充电成功。18 时 54 分，安柞 I 线同期并列，安康地区电网与主网并列。

② 陕西省调

15 时 57 分，令渭南、宝鸡、西安地调分别立即紧急限电 60MW、100MW、100MW。

15 时 59 分，令蒲城电厂、秦岭二电厂紧急投油加出力 150MW。

15 时 58 分，按照陕西电网紧急事故断电序位表，令 330kV 南郊变将韦杜、韦蒲开关拉路；16 时 6 分，令 220kV 阎良变将阎东、阎三开关拉路；16 时 10 分，令咸阳地调将陕柴变三云线、泾阳变 1#、2#主变、大杨变大礼线、武功变 2#主变、贞元变 1#、2#主变、乾县变 1#、2#主变拉路；16 时 15 分，令西安地调将三桥变、户县变、豁口变、阿房变、枣园变 10kV 拉路；16 时 15 分，令渭南地调将兴镇变兴盖线、富平变 10kV、南蔡变合王开关、大荔变大朝开关拉路。主要断面潮流控制在稳定限额内，陕西主网趋于稳定。

16 时 50 分，由于灞桥电厂 12#炉磨煤机跳闸减负荷 100MW，南庄线负荷再次超限达 560MW。16 时 55 分，令渭南地调按事故 I 轮拉路限电；17 时 4 分，令商洛地调紧急限电 30MW；17 时 8 分，令渭南地调紧急限电 50MW；17 时 20 分，令西安地调按事故 I 轮拉路限电。

至此，陕西电网恢复稳定运行。

（2）事故恢复

18 时 20 分，安柞 1 线零起升压正常。18 时 54 分，安柞 I

线两侧转运行，安康地区电网与主网并列，陕西电网逐步恢复本次事故所限负荷。西北送华中电力由 40MW 升至 200MW。

19 时 11 分，安康地区电网全部恢复低周减载所切负荷；19 时 28 分，除三桥变外，西安地区所限负荷恢复；23 时 40 分，西安、渭南、咸阳、宝鸡、商洛地调当日所限负荷全部恢复。

事故处理过程中陕西电网增加限电 500MW。

22 日 8 时 21 分，南安Ⅱ线加运行。

4. 事故原因分析

事故后巡线人员迅速赶赴处于秦岭山区的故障地段。因为暴雨、冰雹和大风天气，故障点查找困难。经有关单位对线路反复查找，安南Ⅱ线 12#6 塔(距安康水电厂 62.766km)C 相小号侧右子线第 1、2、3 片绝缘子有雷击放电痕迹，安柞Ⅰ线 110#塔(距安康水电厂 53.376km)B 相连接金具和低压侧第 1 片瓷瓶轻微烧伤痕迹。安南Ⅱ线跳闸原因为雷击，安柞Ⅰ线跳闸原因为雨闪。

事故中保护装置和安康水电厂 0#小机组稳控装置及蔺河口水电厂稳控装置及低周减载装置等安全自动装置均动作正确。

5. 事故后果分析

事故发生后，西电东送功率增大至 1170MW，南庄线有功增至 790MW。由于西电东送及南庄和渭桃断面均大大超过动稳水平。电网功率超过动稳水平运行时，若再发生线路跳闸，将直接导致电网稳定破坏，继而瓦解，大面积停电。超动稳运行时，往往造成导线温度急剧上升，弧垂加大，线路烧断或对地放电线路跳闸，稳定破坏等严重后果，主要会导致以下两种结果：

（1）由于事故前西电东送功率约为 700MW，事故后因安康电厂与主网解列，损失功率约 480MW，使西电东送达到 1170MW，造成西电东送严重超动稳水平(880MW)。若此时陕西和甘肃四条 330kV 联络线中任意一条线路再发生故障，均将引起西北电网发生失步振荡，导致电网稳定破坏。发生失步振荡后陕甘联络线上配置的振荡解列装置能够正确动作，断开东西部所有330kV联络线，将使陕西电网与西北主网解列。

因解列后的陕西电网功率缺额高达1170MW（约占当时陕西电网总负荷的18.7%），从而会导致孤网频率快速下降，陕西电网内低周减载装置将动作，切除约1200MW负荷后，但大电网稳定破坏后的振荡中，系统受到强烈冲击，后果难以预料，往往引起大量的发电机组和线路跳闸，直接导致系统崩溃、大面积停电。类似“8·19”美加大停电和“5·25”莫斯科大停电事故。大电网稳定破坏事故，不但会使国民经济遭受巨大损失，给社会带来混乱和不安定因素，还会在国内外产生恶劣的影响。

（2）由于事故前南庄线功率约为500MW，事故后安康电厂解列，损失出力约550MW，南庄线有功功率达到790MW，造成南庄线严重超热稳和动稳水平（550MW），由于南庄线严重超热稳定水平，线路温度急剧升高，线路弧垂增大，如果此时出现线路故障或线路被烧断。南庄线发生短路故障或被烧断，陕西东部和渭北电网将与系统发生失步振荡，330kV联络线桃西线的振荡解列装置动作，跳开桃西线，但渭桃线没有解列装置，大量负荷转移至唯一的联络线渭桃线，经计算渭桃线功率将达到1000MW以上。如果渭桃线跳闸或被烧断，陕西东部和渭北电网将会发生稳定破坏事故而大面积停电。

案例精析

这起波及陕西全省范围的重大停电，是我国自20世纪80年代以来从来没有发生过的区域电网破坏事故。当时如果不能及时恢复，在大电网稳定破坏后的振荡中，系统将受到强烈冲击，会造成大量发电机组和线路跳闸，直接导致系统崩溃，造成类似于“8·19”美加大停电和“5·25”莫斯科大停电性质的恶性事故。使国民经济遭受巨大损失，给社会带来混乱和不安定因素，并在国际、国内产生恶劣影响。

由于事故应急预案的成功启动和实施，这场事故很快化解，演绎了一个成功处置电力系统大面积停电恶性事故的范例。总结其成功经验，可有如下四点：

其一，危急时刻，陕西省相关部门和领导高度重视，公司领导亲临现场组织事故处理，不失时机，立即启动了《陕西省电力公司大面积停电应急预案》。从而保证在不到 8 个小时的短短时间内就解除危机，把损失降到了最低限度。事实证明，紧急事故处理贵在果断神速。当断不断，犹豫不决，将会丧失良机，正确判断，抓住第一时间，也就抢到了化解事故的先手。

其二，预案启动后，保证了高度统一指挥。西安、渭南、咸阳、宝鸡、商洛等地的电调和安康水电厂、石泉水电厂、蒲城电厂、秦岭二电厂，南郊变电站、柞水变电站等相关单位能严格执行命令，果断、及时、正确行动，避免了事故扩大。应该说，应急行动如同打仗，统一指挥是成败的关键，事故出现，乱成一团，必然错上加错，统一行动，步调一致，才能有效遏制事态的发展。

其三，在事故处理中，国调中心、西北网调和省调中心密切协作，积极配合，快速将西北送华中电力由 360MW 降至 40MW，减轻了西电东送的压力，并协调甘肃省调增加直供陕西电网的碧口水电厂出力等，对事故快速处理与恢复起到了很大的支持和帮助作用。“步调一致才能得胜利”，事故应急如同打仗，尤其是一个庞大的地区电力系统，没有各个环节人员的协同作战，要取得胜利是不可想象的。

其四，陕西省电调中心值班人员在整个事故处理过程中，做到了分析判断准确，处理方法正确到位。表现了很高的技术素质和技能。这是因为这些同志在平时高度重视电网安全技术的研究，制定的事故应急预案符合实际情况，操作性强，相关人员平时熟通事故预案，重视模拟演练，在事故发生后，对电网这样复杂而反应极其灵敏的系统了如指掌，从而做到处理方法科学、可行，处理步骤有条不紊，最终化险为夷。

电力事故处置专业性非常强，外部社会力量支援性差，因此，电力事故应急救援，第一要制定完善的应急预案，将各种可能的风险尽可能地考察到，并制定严密具体、正确有效的措施；第二是要配备充足的应急救援物资装备，满足迅速处理事故的需要；第三是政府相关部门要提供大力支持，及时做好相关各方的协调工作，为救援行动争取时间，争取力量；四是要抓好应急预案的日常演练，确保应急救援人员具备较好的实战水平。

二、化工厂调试突发爆炸，全力相救灾难减轻

2005年7月26日9时30分，位于江苏无锡某精细化工厂在调试新产品过程中发生爆炸，造成8人死亡，3人受伤，1人下落不明。

事故发生后，省长十分重视，立即对事故处理提出明确要求，副省长也作出批示，省政府副秘书长赶到现场处理事故。市委书记、省消防总队总队长也立即赶赴现场，指挥消防力量全力投入抢救。消防支队迅速调集25辆消防车，100多名消防官兵现场抢险。消防队员手持水枪对泄漏处进行稀释和降温，想方设法、妥善处理化工厂材料，排除了险情。120急救车在第一时间抢救伤员，医疗部门也组织了骨干医生组成救护小组赶赴现场。医院开通绿色通道全力抢救伤员，市安监、公安、环保、质监、气象等有关部门迅速赶赴现场，副市长坐镇现场组织扑救。

经初步调查，事故中该厂调试的新产品为六氯环戊二烯(农药中间体)，是某电化厂工程师刘某的转让技术，于今年4月设计建设，7月25日开始调试，当晚20时开始投料。该厂未经有关部门安全评估就擅自调试新产品，以致酿成了重大伤亡事故。

案例精析

事故发生，不是一个人的事，也不是一个企业的事，而是整个社会的事。尤其是在重特大事故发生时，更应一家有难，八方

支援。该厂在发生重大险情时，各方力量都投入到抢险中，有市委书记、副市长、省消防总队总队长、消防支队、医疗部门等，这是此次爆炸事故抢险成功的重要原因，这也是应急救援所要求的。

在此次事故中，医院能够第一时间迅速抢救伤员，对于最大限度地减轻人员的伤亡程度，具有重要的保障作用，功不可没。

俗话说，众人拾柴火焰高，正是因为多方救援力量的参与，才保证了大量财产和人员的安全。加强应急能力是社会发展所必需的，因为社会要和谐，事故发生率和事故损失就要降低。

三、石化厂大火猛烈，预案好迅速扑灭

某石化公司原计划于2006年5月25日至6月15日对有机厂苯胺装置进行全面检修。5月29日15时32分，在苯胺装置废酸回收单元中，有易燃物品溢出，在检修作业人员粉刷楼内过程中突然起火，造成4人死亡，伤11人，其中4人伤势严重。

火灾事故发生后，该公司立即启动应急救援预案，同时启动环保应急预案。省、市环保部门立即启动环境监控应急预案。省委、省政府主要领导对这起事故的处置高度重视，火灾发生后，赶赴现场，指挥组织处置事故，部署安排善后工作。

1小时后，大火被全部扑灭。各级环保部门对空气和水质质量实施全天候监测，果断将消防水采取土沙围堰截流，泵回事故应急池处理。此次灭火产生废水约80t，由于采取措施得当，有效防止了消防水未经处理直接进入雨排管网、污染黄河事故的发生。

由于该公司自5月25日起已停产检修，生产物料基本排空，企业制定了针对性较强的环境应急预案，并在事故发生时及时启动预案，采取了有效措施，事故环境空气中排放的特征污染物苯胺和硝基苯达到国家大气污染物综合排放标准，未对周围居民和群众造成直接危害。

5月30日9时许，省政府新闻办公室召集省环保局、省安监局、该化工公司等相关单位负责人，在省政府召开新闻发布会，向新闻媒体通报了“5·29”火灾事故情况。

案例精析

这次事故，虽然造成了4死亡11伤的结果，但从发生到处理完毕，前后只用了1个小时，处理是比较迅速、成功的。

特别值得一提的是，在救援过程中，指挥人员认真吸取了某双苯厂在“11·13”爆炸事故救援中造成江河污染的深刻教训，对消防水果断采取土沙围堰截流，泵回事故应急池处理。此次灭火产生废水约80t，由于采取措施得当，有效防止了消防水未经处理直接进入雨排管网、污染黄河事故的发生。

吸取教训，应广而告之，知而做之。若告而不知，知而不做，则教训依然是教训也。

四、变电站起火危机四伏，先控后灭避免灾难升级

2000年12月11日，某市50×10^4V变电站A相变压器发生火灾，市消防支队迅速调集5个消防队、14台消防车、80余名消防干警前往处置，经过参战消防干警的努力，大火于17时30分被扑灭。

12月11日15时21分，由于在变压器滤油过程中违章操作，电焊火花引燃了可燃材料，并进而引燃了变压器油，燃烧迅速扩大，在初起时未能得到及时控制。该站距最近消防队22km，发生火灾后职工自行扑救未果，责任区中队接警赶到时，火灾已经发展到猛烈阶段。

变压器油猛烈燃烧，并有喷溅危险。着火的A相变压器内装有45t左右$25^{\#}$变压器油，这种油的组分是含18~22个碳的烷烃和10%的芳香烃的混合物，相对分子质量260左右，闪点高于140℃，属重油系列，起火之后热值高，燃烧

猛烈，并分解成大量可燃气体，灭火时打入水分等还会喷溅，危险性大。

中心现场情况复杂，紧挨着火变压器西侧还有2个同类型变压器(B、C相，各装45t变压器油)，东侧、北侧不足10m处有11个10t变压器油油罐(大部分油已卸空)，南侧数米即为变电站电缆管沟和高架线路。如果不能及时控制，火势无论向哪个方向蔓延，都会造成巨大损失甚至人员伤亡，后果将不堪设想。

市消防支队指挥中心接到报警后，立即调责任区消防中队3台水罐(泡沫)消防车及20名消防官兵出警。随之，调度2个消防中队和2个企业(地方)消防支队、大队的11台消防车、60名消防干警增援。通知支队其他领导立即赶赴火场。

15时43分，支队值班员和消防一中队官兵同时到达火场。此时，A相变压器顶部南侧、底部北侧2个滤油操作阀门向外喷出大量变压器油，形成气体迅猛燃烧，变压器身及四周均被火海包围，黑烟冲上天空30余米，十几公里之外即可望见。同时，大火沿滤油操作管线向北侧蔓延，引燃滤油泵房，并有向西、向南蔓延危险，情况十分紧急，火势相当严重。根据先控制，后消灭的战术原则，在进行火情侦察后，一中队1号水罐消防车停靠变压器东北侧，出1支19mm水枪扑救滤油泵房火灾，灭火后冷却北侧变压器油油罐；2号水罐消防车停靠变压器西北侧，出1支19mm水枪冷却B相变压器；3号水罐消防车停靠变压器西南侧，出1支19mm水枪冷却着火变压器。同时，为防止发生爆炸，组织变电站职工全部撤出，并积极寻找水源，一面控制和冷却，一面急待增援。

16时5分，第一批增援力量1台干粉消防车，2台水罐(泡沫)消防车到场，火场指挥部发出强攻灭火命令。消防二中队1台4t干粉炮车停靠变压器西北侧，出干粉炮灭火，一中队1号水罐(泡沫)消防车停靠变压器东北侧，出2支19mm泡沫管枪灭火，一中队3号水罐(泡沫)车继续停靠变压器西南侧，出1支19mm泡沫管枪灭火，另3台水罐消防车负责，为1号消防车供水。调整位置后，16时15分，第一次强攻开始，干粉、泡沫一齐向着火变压器打去，火势虽然变小，却迟迟未见熄灭。16时25分，供水中断，泡沫停射，随后火场指挥员命令停止进攻，第一次强攻失败。

火场指挥员随即命令2台水罐消防车出水枪进行冷却，防止火势蔓延，其他消防车外出拉水供水，并等待增援。

16时50分，后续增援力量8台消防车全部到齐，指挥部从企业调运的4t泡沫液也已到位。此时火势非常猛烈，变压器顶部2个防爆泄压口、3个高低压套管(瓷管)都先后爆裂，变压器油受高温作用，不断向外喷溅，不时有大火球冲上数十米高空。为了有效控制火势，迅速扑灭火灾，指挥部命令发起第二次强攻。根据火场估算，指挥部部署2台干粉消防炮车停靠着火变压器北部东、西两侧，距变压器仅数米，同时，在着火变压器南北各部署2支19mm泡沫管枪，并部署9台消防车接力供水。17时10分，强攻打响，一时间干粉、泡沫铺天盖地打向着火变压器，上下合击，前后夹攻，经过约20min，大火被扑灭。

为了防止高温变压器油复燃，灭火后指挥部立即调整部署，命令部分消防官兵登上变压器顶部，出2支泡沫管枪沿防爆口不停地向内灌注泡沫，并将事故油池打开，使变压器油迅速排往油池。由于变压器内部铁芯的绝缘材料阴燃，不断有烟冒出，监控一直持续到23时。

整个战斗保护财产价值2000余万元，使变电站免受更大损失。

案例精析

险情突发，要想控制事故发展，决策要正确，不容有误，行动要迅速，不容拖延。该变电站在火灾发生时，指挥部能迅速采取集中优势兵力的战略思想，命令调动5个消防队、14台消防车、80余名消防官兵，集中控制火势，这一决策很正确，应该被学习借鉴。

而且，指挥员能在灭火物资与兵力缺乏、火势不断蔓延的复杂情况下，沉着冷静侦查火情，提出贯彻先控制、后消灭的战略思想，这在应急救援上是非常重要的，保证了应急救援行动有序、有效地进行。

面对来势汹汹的大火，谁不惧怕？尤其是在危机四伏，随时可能引燃周围油罐之时，然而，消防官兵却英勇善战，不畏艰险，不慌不乱，有序配合指挥者实施救援，这种精神是可贵的，是成功救火的基础。

正是由于指挥正确、处置得当，整个战斗才确保了2000余万元的财产，没有造成人员伤亡，减少了变电站的损失。

第四节　程序规范，操作正确

一、液化石油气罐车泄漏，程序正确安然排险

2005年6月15日16时，某危化品运输车队驾驶员驾驶石油液化石油气罐车，由车主押运，在咸阳炼油厂装载15t液化石油气运往杨凌盛文液化石油气站。在未向公安机关申报行驶路线、时间的情况下，于6月15日17时15分到达杨凌石羊饲料厂过磅后，车主乘小车在前面带路，驾驶员独自驾驶液化石油气罐车随后向目的地行驶。17时35分，当行驶到西农路立交桥转盘时，因驾驶员未能紧随带路车辆沿西宝中线向西行驶，而是右拐直接进入陇海线西农路立交桥行驶。由于立交桥涵洞限高3.4m，致使该车顶部安全阀被桥洞撞坏，发生泄漏。车辆被卡在桥下无法行驶，司机弃车逃离现场。一过路人发现后电话报警。

17时37分，区公安局110、消防支队119接到报警，17时41分，公安、消防、交警赶到现场投入抢险，开始疏散群众、

控制现场、喷水降温。

省委、省政府领导高度重视，并作出明确批示，要求尽快恢复交通。副省长亲自赶赴现场，指挥抢险。区、省安全监管局、省消防总队、省交警总队、省工交办、省石化行业办和市政府密切配合，协同作战。

17时45分，管委会将险情通报铁路部门，通知电力部门、天然气公司切断现场方圆1km内所有电源、关闭天然气管道。

18时，区委、区政府组织200多名机关干部和公安干警在距现场方圆1km外设立警戒线，并对警戒线内所有车辆、行人、居民进行疏散。

18时20分，将警戒区内1.2万余名群众全部疏散到安全地带；18时05分，区党工委、管委会领导赶到现场组织抢险。摸清险情基本情况后，采取通过南北两端向罐体喷水降温，减缓液化石油气泄漏速度，稀释液化石油气浓度；控制肇事司机及车主，了解、询问相关情况；进一步疏散群众，加强警戒；安排质监、天然气等部门配合抢险，医院做好医疗救护准备。

区管委会于18时40分将事故简况报告省委、省政府。分管副省长立即出发赶往事故现场，指示省安全监管局组织专家随即前往。成立了现场抢险指挥中心。省工交办、省石化行业办、省交警总队、铁路局、石油公司、市天然气总公司等有关单位的领导和专家、抢险队伍也相继赶到现场。

经过专家实地查看、在初步摸清情况的基础上，分析研究，于20时30分确定：实施喷水降温、降低浓度；轮胎放气，降低车体高度；从尾部将槽车拖出涵洞的方案。具体操作步骤及要求如下：

针对槽车周围液化石油气浓度已达18%，超过临爆点的情况，首先由消防战士继续用高压水枪喷水对现场实施降温、降压、稀释浓度后，由消防队员携带设备再次测试浓度，在确保抢险人员安全的情况下，消防队员关闭肇事汽车电源，此项工作持续到15日24时左右。由于部分液化石油气流入城市下水道，对周边群众生命财产构成威胁，指挥中心指派专人监测下水管道内液化石油气浓度，打开排气口排气，并安排公安、武警和城建工作人员在立交桥涵洞下水管道沿线井口布岗，防止火源，并疏散周边群众；同时关闭污水处理厂，加大排水量，利用水流加快下水道内的液化石油气排放。

由于槽车紧卡于涵洞顶部无法移动，为了降低槽车高度，由该车司机和汽修厂修理工采取对角平衡法将槽车四个轮胎的部分气体排出。省安全监管局和省石化行业办领导及专家、修理工和肇事司机到现场查看，发现槽车呼吸阀顶在护桥的工字钢中，确认仍不能拖车。指挥中心对拖车方案重新进行研究，考虑到会产生新的危险源及工字钢的角度变化，否定了部分专家提出的液化石油气自然排放和倒罐两种方案，确定对 8 个轮胎再次减压放气，并从汽车前部将车拖出。此项工作持续到 16 日凌晨 2 时 20 分左右。

经过第二次对 8 个轮胎减压放气，槽车呼吸阀与桥的顶部产生了 2cm 左右的间隙。为确保拖车时桥洞顶部的工字钢不产生摩擦和坠落，由专家组织 5 名消防队员用两个木梯顶住工字钢两头，再用湿棉被隔离工字钢和罐体，避免拖车时产生火花。由于改变了拖车方向，原准备的钢丝绳长度不够，经过多方寻找，于 3 时 30 分左右找到了 30m 的钢丝绳，用废轮胎隔开拖车钢丝绳和车体，用湿布缠裹钢丝绳，作好了拖车准备。

消防战士把罐顶用湿棉被覆盖，同时用 4 只高压水枪从槽车两侧不间断向罐体喷水。在严密精心的组织下，16 日凌晨 4 时 15 分，将槽车顺利拖出涵洞。

槽车拖出后，消防战士用 4 只水枪立即对涵洞内残余气体喷洒稀释，降低可燃气体浓度，直至全部清除。按照抢险方案，槽车被拖离现场后，转移到距市区 3km 外的空旷低洼地带，对罐内尚存的约 9t 液化石油气进行最后处理。由于罐内压力不够，尝试倒罐失败，后选择 30m 长的导管将液化石油气导出，并成功点燃。为确保安全，专家建议用氮气置换罐内残余液化石油气，然后向罐内注水，排出氮气，再向罐内注入氮气。

16日23时10分，罐内剩余液化石油气全部排出。

案例精析

这是一起成功的应急救援案例。在装载17.65t液化石油气的罐车卡在铁道涵洞内，安全阀撞坏、大量液化石油气泄漏的紧急时刻，省安全监管局、省消防总队和区管委会迅速启动并成功实施应急预案，成功化解了一场可能发生的重大火灾爆炸事故，避免了铁路被毁坏，人民生命财产遭受重大经济损失的恶性事故。

该应急救援预案成功的主要原因是：

(1) 报警及时，行动迅速。17时35分发生事故，17时37分，区公安局110、消防支队119接到报警，17时41分，公安、消防、交警赶到现场投入抢险。

(2) 指挥得力，配合默契。省委、省政府非常重视，分管副省长亲临现场指挥，省消防总队、省工交办、省石化行业办、省交警总队、铁路局、石油公司、省及市天然气总公司等有关单位积极行动，全力配合救援。

(3) 程序规范，操作正确。抢救现场采取了疏散周边群众、治安交通管制、喷水稀释、驱散、降温液化石油气、牵引拖车等有效措施。

(4) 善后彻底，不留后患。对事故现场和槽车罐进行了彻底清理和置换。

在庆幸这起事故应急救援取得成功的同时，我们应该反思这起事故发生的原因。桥洞的安全标志不规范、不明显，平交道口管理不到位，危险品运输驾驶人员安全意识差是导致事故发生的主要原因，应引以为戒，积极整改消除同类隐患，加强对危险品运输驾驶人员的安全教育培训，避免类似事故发生。

典型的危险化学品运输事故类型，典型的各部门联动处置形式，也达到了典型的处置效果——成功解除险情。

但在一系列的典型中出现了一个不典型的插曲：由于抢险物

资和装备准备不足，在把罐车从涵洞下拖出的过程中，为了寻找合适的钢丝绳延误了2h左右的抢险时间。宝贵的2个小时，液化石油气在一点一点地泄漏，大量用于降温、降压、稀释空气中可燃气体浓度的水喷射而出，国家的铁路动脉被堵，一列列火车动弹不得，这一切仅仅是为了一根钢丝绳，一根合适的钢丝绳！从这中间如果我们还不能看出应急救援器材的日常准备与维护的重要性，那么我们又怎么能够避免在下一次的典型救援中出现这样不“和谐”的不典型插曲呢?!

二、化工厂液氨喷出，调整工艺堵漏迅速

湖北某化工厂因加氨阀门压盖破裂，填料滴漏液氨，维修工在安全措施不完全的情况下盲目检修处理，导致加氨阀门填料冲出，大股液氨喷泄，差一点酿成大事故。

2004年6月5日11时40分左右，该化工厂合成车间加氨阀填料压盖破裂，有少量的液氨滴漏。

维修工徐某遵照车间指令，对加氨阀门进行填料更换。徐某没敢大意，首先找来操作工，关闭了加氨阀门前后两道阀门；并牵来一根水管浇在阀门填料上，稀释和吸收氨气，消除液氨释放出的氨雾；又从厂安全室借来一套防化服和一套过滤式防毒面具，佩戴整齐后即投入阀门检修。当他卸掉阀门压盖时，阀门填料跟着冲了出来，瞬间一股液氨猛然喷出，并释放出大片氨雾，包围了整个检修作业点，临近的甲醇岗位和铜洗岗位也笼罩在浓烈的氨气中，情况十分紧急危险。

临近岗位的操作人员和安全环保部的安全员发现险情后，纷纷从各处提着消防、防护器材赶来。有的接通了消防水带打开了消火栓，大量喷水压制和稀释氨雾；有的穿上防化服，戴好防毒面具，冲进氨雾中协助抢险处理。

闻讯后赶到的厂领导协助车间指挥，生产调度抓紧指挥操作人员减量调整生产负荷，关闭远距离的相关阀门，停止系统加氨，事故很快得到有效控制和妥善处理，并快速更换了阀门填

料，堵住了漏点。避免了一起因严重氨泄漏而即将发生的中毒、着火、有可能爆炸的重特大事故。

案例精析

此次事故发生，主要是该车间“小安则懈”的安全管理思想严重。但是，从事故救援方面分析，仍有许多可取之处。

首先，维修工徐某在开始检修之前，已经做了一系列的预防准备；其次，在液氨喷出这一险情突发时，操作人员和安全员能立即使用各种应急设备抢险，并有领导和生产调度员协助，大家齐心协力，终于把这场可能发生中毒、着火甚至爆炸的事故扼杀在了萌芽之中。

从此次事故救援中可以看出，事故是可怕的，但是只要应急救援及时、正确，事故也会被迅速控制。大家要团结一致，做到迅速、有效、有序救援，把事故损失降低到最少。所以说，在可能存在危险区域作业的工作人员，一定要学习应急知识，尽量找机会参加演练，只有这样，才能面临险情做到心中有数，不至于惊慌失措，延误抢救时机。

三、液氨运输车追尾冲出公路，三条措施安全有序处置

2006 年 8 月 18 日 3 时许，一辆满载 18.5t 液氨的危化品运输罐车在川黔高速公路南岸区离茶园出口约 500m 处，与一辆垃圾运输车追尾，造成 3 人受伤，液氨罐车冲出公路，横跨在公路旁的土坡上。当日气温高达 42.5℃，一旦泄漏或汽化膨胀爆炸，后果不堪设想。

事故发生后，重庆市消防总队立即赶赴现场，南岸区政府立即启动危险化学品事故应急预案，成立临时指挥部，采取应急处置措施：一是利用消防力量对罐体降温；二是立即组织人员疏散；三是在积极做好应急处置的同时，请求市级有关部门派员赶赴现场支援。

由于事发当地不具备妥善处置液氨的能力，加之该罐车在高

温下经连续撞击极易引起爆炸，情况十分紧急。临时指挥部研究决定，请求九龙坡区政府支援。九龙坡区安监局按照政府分管领导作出的紧急指示迅速行动，由局长带领重庆某碱胺公司6名专家和技术人员携带有关装备，立即赶赴南岸区事故现场协助排险处置。

专家通过现场查勘论证、周密研究，提出对事故槽罐车实行整体吊装用平板大件车转移，送到某碱胺公司卸载的建议，并制定完善了排险方案。

为确保转运途中的安全，九龙坡区政府分管领导决定启动相关应急预案，全区紧急动员，要求区级相关部门和镇政府做好沿途的安全防范工作和应急准备，并请医院做好医疗救援准备。

九龙坡区各有关部门按照有关预案的规定，迅速行动，各就各位，认真做好处置车队沿途的安全保卫工作及应急准备。九龙坡区安监局全程参与事故槽罐车排险处置及转移，并积极做好有关协调工作。

当日19时50分，抢险处置车队平安抵达重庆某碱胺公司。九龙坡区公安干警、消防官兵以及安监局和铜罐驿镇政府安监人员立即协同碱胺公司在生产厂区和周边区域拉起警戒线。碱胺公司领导班子全体成员坚守卸载现场，组织指挥有关技术、作业人员迅速对事故槽罐车进行检查、降温，在保证安全的情况下进行转卸作业。

22时20分，完成液氨转卸作业，抢险工作胜利结束。

案例精析

这是一次不复杂的事故处置，却是一起每个环节都要做好的事故。

当日气温很高，出事的液氨罐车罐体受损情况不明，这都造成液氨储罐在事发地、搬运途中、转卸作业中，都有潜在爆炸的危险。而一旦罐体爆炸，不仅可能直接造成人员伤亡，而且，液氨会迅速汽化扩散，毒害周边人员，造成难以预料的后果。

而重庆市南岸区政府在出现险情之后，立即启动危险化学品事故应急预案，采取了一系列科学、有序的应急处置措施，最终彻底消除了可能引发爆炸、泄漏、中毒等事故的隐患，应急救援圆满成功。

这次救援的成功，再次验证了那句古话：凡事预则立，不预则废！

四、英国邦斯菲尔德油库大火燃，救援人员视情撤退伤亡免

2005 年 12 月 11 日清晨 6 时左右，英国伦敦北部赫默尔亨普斯德镇的邦斯菲尔德油库发生火灾。此次大火持续燃烧 60 多小时，直到 13 日晚才被扑灭。大火烧毁了邦斯菲尔德油库大型储油罐 20 余座，当时储油量为 3500×10^4L，包括汽油、柴油和航空燃料。参与现场救援的消防专家估计，这次火灾给英国带来的直接经济损失高达 2.5 亿英镑（约 35 亿元人民币），是英国和欧洲迄今遭遇的最大规模的火灾。

这场大火发生在与我们相隔几千公里的欧洲大陆，这场劫难如今也早已成为过眼烟云，但拨开历史的灰烬，我们从中又能学到什么呢？

邦斯菲尔德油库属于西方巨头道达尔公司和德士古公司的合资企业 Hertfordshire 石油储备公司（HOSL），创建于 1990 年，能够储存 3.4×10^4t 汽油和 1.5×10^4t 柴油，占英国石油市场总供应量的 8%。英国人称这种特大型且超负荷储油罐群为危险源、“计时炸弹”。对于危险源，英国政府规定，消防局要同石油化工企业一起联合制定防灾预案，当火灾初起之时，要快速出击灭火，把火灾扑灭在初起阶段。倘若在第一时间内未能及时控制住火势，允许消防队丢卒保帅；当石油储罐群失火，并可能危及消防人员的人身安全时，允许消防队员暂时后撤；当石油储罐已经爆炸，允许消防队员缓兵出击，以防止大量的水和高浓度泡沫灭火剂注射到罐体之中，使易燃液体流溢出来，流入下水道，发生

第二次爆炸。

英国一家媒体报道说，一辆运送石油的油罐车经过邦斯菲尔德油库一座正在泄漏油品的储油罐时，汽车排气管喷出的火星引发了泄漏油品的爆炸、燃烧。伦敦消防局接到油库工作人员的报警求救后，立即赶赴火场进行扑救，而此时邦斯菲尔德油库已有数座储油罐爆炸着火，36 人受伤。消防人员用高压水枪在燃烧的油罐和其他油罐之间形成了一道水墙，同时将大量的高浓度灭火泡沫喷向正在燃烧的油罐。然而，这股有限的扑救力量对于数座正在剧烈燃烧的油罐来说，无疑是杯水车薪。现场火势已经失控，火场温度骤升，烈火熊熊，浓烟遮天蔽日。

经过现场侦察，火场指挥官预测在未来几分钟内，熊熊燃烧的火焰将会诱发周边其他储油罐爆炸，在此危急时刻，火场指挥官指挥消防人员迅速关闭了油库输油管总阀门，下令一线灭火人员全部撤退到安全区域，以避免储油罐再次爆炸而造成灭火人员的大量伤亡。同时，通报警方立即疏散附近居民，附近商店停止营业，学校也停止上课。

此后，在遥控消防设备扑救无效的情况下，熊熊大火引起许多储油罐相继发生连环爆炸、燃烧。12 日零时，火场指挥官再次下令暂缓施救。火势因此而反扑，20 多个大型储油罐顿时陷入了熊熊大火之中，烟尘和大火形成了高达 60m 的火柱，空气中充满了浓浓的汽油味。油库附近的许多民房被摧毁，到处都是倒塌的墙、烧裂的大门以及半截窗户。至 12 日天明时分，消防人员才恢复灭火行动。

12 日 15 时，150 名消防队员在经过几十个小时的奋战、扑灭了 20 多座着火的储油罐中的 12 座之后，再一次撤离了位于赫特福德郡赫默尔亨普斯特德镇附近的火场。此后，未熄灭的火苗又引燃了刚被扑灭的一座油罐，这座油罐距离一座装有不明物质的油罐很近，消防队员担心油库可能再次发生爆炸，于是关闭了附近一条高速公路，扩大了油库周边隔离区范围，并在中断灭火 5h 后，于 12 日晚返回火场，最后将火扑灭。

案例精析

险情突发，救人是应急救援的首要原则。烈火熊熊燃烧，火场指挥官考虑到可能诱发周边储油罐爆炸，指挥消防人员迅速关闭油库输油管总阀门，下令一线灭火人员全部撤退到安全区域，同时通报警方立即疏散附近居民，停止学校上课，这避免了储油罐再次爆炸可能引起灭火人员和附近居民的群死群伤。

常人可能认为，灭火人员临阵撤退似有贪生怕死之嫌，然而，当爆炸已经不可逆转，从确保消防人员安全、紧急疏散周围居民方面，无疑是正确的。消防队员也是人，也需要保护他们的生命安全；从环境方面讲，倘若消防员大量射水救火，一些尚未燃烧的油品会浮于水面，流向附近的下水道，酿成二次爆炸火灾，并且污染地面水源和地下水源，造成更大灾难。如果一味地救火，不灵活应对，采取正确措施，必将导致事故的升级，结果可能不仅仅是储油罐的燃烧爆炸，还有大量人员的伤亡，付出的代价可能会更加沉重。

西方人有西方人的救火模式，东方人有东方人的灭火策略。在这场火灾的扑救过程中，由于消防人员视情撤退，同时尽量避免造成水源污染的做法，非常值得我们借鉴学习。

第五节　装备齐全，物资充足

一、苯罐爆燃 10 小时，“火魔”降服无人伤

2006 年 8 月 23 日 8 时 30 分许，常州一大型化工企业苯原料液体储罐区突然起火爆燃，罐内 40 多吨苯原料在熊熊大火中剧烈燃烧长达 10h 之久。南京、苏州、无锡、镇江等市消防火速赶来支援，5 市 300 多名消防官兵冒着生命危险，终将肆虐的“火魔”降服。

8 月 23 日 8 时 15 分左右，常州某合成材料厂室外的多个液

体苯罐莫名起火剧烈燃烧。

空气中，弥漫着刺鼻的味道。由于火势凶猛，储罐区还不时发出“噼里啪啦”的响声，让人心惊胆战。此时，厂内工人早已安全撤离，现场只有数十名消防队员和“火魔”顽强地较量着。十余支水枪对准一排着火的苯罐来回喷洒，但火势依旧难以控制。9 时 40 分，储罐区周围火舌越蹿越高，黑烟直窜云霄。很快，熊熊大火吞噬了一排五六个液体储罐，消防官兵且战且退。

此时，空气中弥漫的令人作呕的化学气味越来越浓，围观群众不得不捂着鼻子远离现场。一位消防官兵对在场的一名记者说，火倒无妨，就怕爆炸，因为发生火灾的材料厂与总厂仅一河之隔，而且有许多管道紧密相通，着火苯罐区有 40 多吨液体苯，一旦火势蔓延，后果将不堪设想，他劝该记者赶紧离开现场。

在厂外大桥的两侧，警方早已布置了长长的警戒线，而出事地点的合成材料厂入口也禁止行人和车辆出入，紧靠工厂的河道中也禁止船舶通行。

10 时 47 分，火灾现场赶来了大批“援军”，先后有近 10 辆南京和无锡特勤火警消防车辆呼啸而至，当即参与到紧张的扑救中。11 时 17 分，又有 6 辆常州消防车赶到火灾现场。1 小时后，又有 6 辆苏州特勤火警消防车辆赶来支援，车上载满灭火降温的泡沫。13 时 2 分，又有 3 辆镇江的消防车辆接踵而来。与此同时，一辆环境检测车也开赴现场。18 时，大火被扑灭。没有造成人员伤亡。

案例精析

这起事故，没有造成人员的伤亡，有三个原因：

一是厂内工人及时撤离，只有专职的消防队员和“火魔”较量。

二是交通管制到位。警方布置了长长的警戒线，出事地点的合成材料厂入口也禁止行人和车辆出入，紧靠工厂的河道中也禁止船舶通行。

三是救援力量强大。常言道：火大不怕柴火湿。5 市 300 多名消防官兵，如此强大的力量，对付40多吨苯原料，光用消防水稀释也稀释完了。

但是，从救援过程来看，也有几个问题值得思考：

一是记者采访应该，但深入腹地当慎，不该去的地方还是不要去，不要既给别人添小麻烦，再给自己添大麻烦。

二是发生事故，群众不知利害，上前围观，是非常正常的。难道能只怪群众的素质低吗？难道发生了什么事，群众都不围观，群众的素质就高了吗？显然不是，此时，作为事故单位是否应不去怪罪群众，而是及时告知利害，疏散群众呢？

三是厂内工人安全撤离应该，但是否应该留下一些熟悉现场、懂流程、懂技术的人员配合抢救呢？这次事故用了10个小时，从技术上分析，时间太长了。是否就是因为该厂人员都安全撤离了，使得救援行动在一些技术处理环节上出现了失误，延误了抢救呢？

二、大火突降海绵厂，泡沫攻坚显力量

2009年10月19日，甘肃某海绵厂仓储区突发大火，整个仓储区100 t化学物品聚醚多元醇以及成品半成品的海绵化为灰烬。接到报警的兰州市消防支队先后调集9个消防中队、2个企业消防队，共计35台消防车、300余名消防员经过3个半小时将大火扑灭。

当晚8时30分，该海绵厂值班员王某突然发现厂区仓储区西南侧黑烟滚滚，火苗蹿出顶棚，他急忙招呼其他值班人员灭火，并拨打119报警。由于火势较大，兰州市消防支队在接到报警后，一次调集了5个消防中队赶赴现场救援，当官兵到达现场时，汹涌的火势已将仓储区南半段吞没，由于仓储区存储的物品为易燃物品，火势很快蔓延，露天堆放的5m长、2m宽、1m厚的海绵成品已经有十几块被引燃。官兵见状，随即使用水枪从几个角度开始压制火势，在厂区值班人员的配合下，官兵开始搬运没有引燃的海绵，防止火势向居民区蔓延。

晚9时，面积为3800m^2的仓储区已基本被大火覆盖，由于该厂毗邻林场，林场护林员急忙请求企业消防队赶赴现场，并在救援现场外围构筑第二道防火墙，严防大火向林区蔓延。在火势仍然无法控制的情况下，兰州市消防支队又抽调市区其他4个消防中队赶赴救援，然而大火仍然无法扑灭，经市消防支队协调，某石化公司的3台消防车也赶赴现场增援。

晚10时21分，伴随着一声沉闷的巨响，仓储区发生爆炸，现场腾起一个超过30 m高的“蘑菇云”，正在厂区东侧半山腰灭火的几名官兵瞬间就被气浪推倒。官兵没有退缩，再次抱起水枪，这时，仓储区再次腾起比前一次威力更大的“蘑菇云”。

经询问，官兵获悉发生爆炸的物质为聚醚多元醇，由于该化学物品单纯用水进行灭火效果有限，消防部门又紧急调来泡沫消防车。最终经过兰州市消防支队9个中队，2个企业消防队共计300余人的奋力扑救，大火于20日零时许被基本扑灭。此次火灾的过火面积超过1000 m^2。

案例精析

此次海绵厂大火，经过9个兰州市消防中队，2个企业消防队共计300余人的奋力扑救，历时3个半小时，终于被扑灭。

不说历时3个半小时，就是不灭火，仓库中的东西也差不多该烧完了，但回顾这起火灾救援的前前后后，那一个接一个升腾的蘑菇云，能够推倒消防官兵的强烈气浪，仍让人心有余悸；灭火2个小时之后，才知发生爆炸的物质为聚醚多元醇，并改用泡沫灭火，这种救援的盲目性也同样发人深思，需要认真研究危险化学品火灾救援的专业技能问题。

常言道，兵来将挡，水来土掩。但是否火来了，就一定用水灭呢？非也。常规情况下，用水灭火，没有大错。但是，对于危险化学品来说，就不能一概而论了。

有的化学品着火，一遇水，会烧得更烈，譬如：钠着火，由于钠是活泼的金属，它与水会剧烈反应生成氢气，火势不仅会越来越大，而且，会迅速发展为爆炸。

有的化学品不溶于水，相对密度比水小，如果用水灭火，化学品会浮在水面，继续燃烧，而且，灭火水量越大，还会形成流火，造成火势的迅速蔓延，譬如，汽油着火就是这样。

有些化学品有一定的水溶性，如醇类、酮类等，虽然从理论上讲能用水稀释扑救，但用此法，水必须在溶液中占很大的比例。这不仅需要大量的水，也容易使液体溢出流淌，形成流火蔓延。而普通泡沫又会受到水溶性液体的破坏(如果普通泡沫强度加大，可以减弱火势)，因此，最好用抗溶性泡沫扑救。本案例中的聚醚多元醇就是如此，最好的灭火剂不是水，也不是普通泡沫，而是抗溶性泡沫。如果没有泡沫，用水灭火，最好是用多支开花、喷雾水枪，形成强大的水雾团，将燃烧面全面覆盖，通过水封窒息将火扑灭。如果燃烧面很大，这种方法将难以收效。

在本次事故救援中可以看出，消防队员接警立来，而且考虑到火势大，来了5个中队，应该说救援及时，力量强大。如果能先问明是何燃烧物质，然后，选用正确的灭火剂“对症下药”，灭火效率必将大大提高。结果，救火没成，反而引起爆炸，所幸没有造成人员伤亡。好在接二连三的“蘑菇云”终于把救援人员吓醒：必须搞清倒底着的是何物质。在查明是聚醚多元醇后，改用泡沫灭火，最终将大火扑灭。

通过此次火灾救援，我们应该从中得到三点启示：

一是火灾救援必须先搞清楚着火物质，唯有如此，才能选用正确灭火剂，“对症下药”，达到事半功倍的目的。如若盲目灭火，见火就上水，很可能事倍功半，甚至可能越灭火越大。

二是必须重视危险化学品应急救援队伍的建设。对待危险化学品事故救援，必须由专业的知识、技术、人员、装备做支撑，否则，救援效率将难以提高。

三是危险化学品企业必须加强专业救援装备、物资的装备与储备。就本案而言，假如，海绵厂能对自己的原料、产品性能有充分的了解，并有针对性地配备泡沫灭火器，特别是有充足的泡沫储备，那么，这场火灾就一定会在着火初起时得到有效控制，因为聚醚多元醇并非易燃易爆物，只要灭火及时，火势会很快得到控制。

第六节 培训到位，技术全面

一、天然气井溢流岌岌可危，科学压井成功全员无恙

2006年12月20日，四川省达州市某勘探开发分公司清溪1井，在井深4285m钻遇高压气层，井口发生溢流。钻井队立即采取了停钻循环观察、关井求压、点火泄压等措施。于2006年24日和27日先后两次对该井实施压井施工，但未获成功。

清溪1井发生天然气溢流事件后，中共中央、国务院一直给予高度关注。中央领导多次作出重要指示，要求全力做好群众的疏散转移和妥善安置工作，搞好环境监测和预警预报，做好实施压井作业工作，确保人民群众生命财产安全和社会稳定。

国家安全监管总局局长实地查看溢流险情，了解井场周围的实际情况。把中共中央、国务院的亲切关怀迅速传达到第一线。

在认真总结前两次压井情况的基础上，清溪1井抢险领导小组召集有关专家研究制定了新的压井封井方案和安全防范措施，并在较短的时间内迅速做好了第三次压封井方案和安全、人员、设备、物资器材等各项准备工作。国家安全监管总局工作组协调有关力量，全力支持抢险工作。根据现场需要，紧急调用国家矿山救援基地一套灾区电话，用于抢险通信联络。派出安科院技术人员，在井场紧急安装无线传输多功能气体监测系统，开展现场气体检测工作等。

精心组织，周密安排，各参战单位和干部职工服从指挥，团结协作，从2007年1月3日10时15分开始至18时5分，在可控状态下减压放喷点火13天的清溪1井，第三次压封施工终获成功。

在连续可控性减压放喷压封井施工过程中，没有任何人员伤亡。这场从 2006 年 12 月 21 日 22 时因为天然气溢流而点燃的熊熊大火，在燃烧了整整 13 天后彻底熄灭。

案例精析

这是一次紧张、危险，但科学、有序的成功救援。

天然气井喷，何等危险？2003 年在四川开县发生的“12·23”特大井喷事故造成 243 人死亡的惨状想必还令每个人不寒而栗。因此，当发生天然气溢流初期，就受到了党中央、国务院的高度重视，整个救援行动从组织力量、技术力量、装备力量都是非常强大，虽然处理过程非常复杂、艰苦，但最终还是将这一地理条件复杂，没有相关经验可借鉴的复杂险情成功化解，不仅没有造成生产设备的损坏，更没有造成一人的伤亡。

这次救援的成功，不仅体现了党中央、国务院的高度重视，以及相关单位的密切协作，救援装备力量的功能先进等；更反映出了我国应急管理水平从体制、机制等方面取得突破性进步，企业编制预案的科学性、实用性大大提高，员工的应急培训日益深入、应急知识不断丰富，整体应对重大突发事件的能力大大提高。

二、双氧水车间爆炸起火，正确处置免厂毁人亡

2006 年 6 月 15 日 8 时 2 分，浙江某化工公司双氧水车间发生爆炸，造成 2 人失踪，1 人重伤。

事故发生后，浙江省公安消防总队，龙泉市委、市政府迅速启动了特大灾害事故应急预案，及时调集了公安、消防、环保、安监、医疗等相关部门人员赶赴现场。龙泉市委、市政府立即在距离现场最近的龙渊街道梧桐口村，成立了由龙泉市委书记任总指挥的临时抢险救援指挥部，负责爆炸现场的救援抢险指挥工作，并立即启动了紧急抢险应急预案，组织消防、公安、环保、卫生、电力等力量进行救援。

消防救援人员到达现场后，面对猛烈的火势、数量众多的危化品、高耸的化工装置、爆炸后的危房、需要保护的邻近罐区，在了解了事故单位的生产性质、工艺流程、爆炸燃烧物质、周围环境、参战力量等情况后，针对现场实际提出了4条措施：

（1）警戒区内严禁无关人员进入，进入现场施救的人员必须落实安全防护措施；

（2）厂方技术人员由消防人员配合，迅速对管道进行关阀断料，严防处置过程中发生连锁爆炸反应；

（3）现场消防部队调整部署，采取“积极控制，重点保护，逐片歼灭，强行堵漏，严防复燃”的灭火战术；

（4）扑灭后带来的大量污水，厂方必须设法控制，避免流入江河而污染环境，环保部门必须实时跟踪监察。

当现场发现燃烧车间内将有再次爆炸的危险，指挥部及时下达了撤退命令。

17时，前沿灭火指挥部下达了命令，对2个大面积燃烧的储罐区进行分割处理。正当火势得到有效压制时，距燃烧车间仅一路之隔的氢气储罐区沟渠内突然窜出火焰，现场救援指挥快速组织，迅速将氢气储罐区沟渠内的明火扑灭，保证了氢气储罐区的安全和一线官兵的人身安全。20时10分，火场余火被彻底扑灭。

在救援过程中，各部门人员依据应急预案联动要求，各司其职，协同配合，实施了外围警戒、人员疏散、污水拦截、环境监测、医疗救护、后勤保障等工作，为前沿灭火战斗和最后的成功处置提供了有力的保障。

整个灭火过程中，有效避免了事故的恶性发展，避免了厂毁人亡的惨剧发生，最大限度地减少了火灾损失，实现了灭火人员无伤亡、周围环境无污染的目的。

案例精析

此次火灾事故的应急救援，避免了事故的恶性发展，避免了救援人员的伤亡，避免了对周围环境的污染，最大限度地减少了火灾损失，是一次成功的应急救援。

此次应急救援的成功，事先编有预案，预案启动及时，公安、消防、环保、安监、医疗等相关部门人员依据应急预案联动要求，各司其职，协同配合，实施了外围警戒、人员疏散、污水拦截、环境监测、医疗救护、后勤保障等工作，为应急救援的成功作出了重要保障。

当现场发现燃烧车间内将有再次爆炸的危险，指挥部机动灵活地迅速下达了撤退命令，有效避免了前沿阵地的人员伤亡。这一视情撤退，保护救援人员安全的举措，不是一种贪生怕死的懦夫行为，而是一种科学救援的明智之举，值得应急救援人员认真借鉴学习。

在任何险情面前，一味地猛冲猛打，有时非但不利于险情的控制，反而会让险情迅速恶化，就像本案例中的情形，一旦发生爆炸，身处火场中心的消防官兵就极可能出现群死群伤的情况，使得事故迅速恶化升级。

视情撤退，科学逃生。应急救援人员应牢牢记取，灵活运用。

三、油轮倒舱突发泄漏，方案周密化危为安

2005 年 12 月 20 日 8 时 30 分，浙江舟山“金旺油 2”油轮靠泊山东省日照港的中港区 8#油泊位，计划从源丰油库装载 93#汽油 1850t，当装船完成 1600t 左右时，船方提出需要进行倒舱作业。21 日 3 时，在船方自行进行倒舱作业过程中，船方人员发现泵舱和泵机舱内流入大量汽油(事后查明泵舱内 2 处滤器密封垫损坏，约 25t 汽油由油舱流入泵舱和泵机舱)。油气不断向外扩散，稍有不慎，就有可能发生火灾爆炸危险。

1. 应急处置措施

21 日凌晨 4 时 30 分，船方人员将泵舱和泵机舱流入汽油的险情向港方现场调度做了汇报，险情立即通过生产调度系统逐级报告到港方领导、海事部门、省市有关领导和部门。市政府紧急

成立了应急领导小组和现场指挥部，组成专家顾问组、现场操作组、现场警戒组、应急防备组 4 个应急工作小组，全面展开应急救援工作，采取了如下具体措施：

（1）采取紧急应对措施

港方在第一时间得到险情报告后，认为这是一起可能造成严重后果的重大事故隐患，应迅速通知码头固定消防系统控制室加强现场监控，增派拖消两用船加强海上监护，通知陆上消防队立即进入应急状态，做好一切火灾扑救的准备工作。

（2）切断电源

立即通知船方关闭船上主机动力系统，切断所有电源，将船员随身携带的打火机、手机等可能产生明火或静电火花的物品全部上交，统一由港方人员保管。除船长和熟悉船上消防系统的人员留守以外，其他船员全部撤离到岸上。

（3）划定警戒范围

以船舶为中心方圆 500m 为界划定警戒范围，立即对海上和陆上进行封锁，停止一切生产作业，疏散附近海上船舶和陆上人员。指挥部通知 500m 以外油库做好防范准备，周围居民做好紧急撤离准备。

（4）医疗救护

组织医院救护人员携带紧急救护器材、药品赶赴现场，做好紧急救护准备。

（5）现场操作组承担主要排险任务

操作组首先要确定的是如何将泵舱、泵机舱的汽油排出及排到哪里。操作组通过调阅船舶资料，了解到船上除了各油舱已经装满油外，船头处还有 1 处空油污水舱，但其距离泵舱和泵机舱最远。同时，通过进一步勘查泵舱、泵机舱进油情况，观察各油舱液位变化情况，确认船上 3 号油舱油液位一直保持稳定，没有泄漏可能。考虑到油污水舱是空舱，汽油注入时更易产生静电，操作风险较大，操作组征得船方同意后，决定通过船上货油入舱管线将汽油排入到 3 号舱内。

(6) 排险作业

在其他各工作组应急措施全部到位、对所有需要使用的排油设备和防护器材进行陆上测试合格后，操作组向成员逐一下达具体承担的操作任务，进入码头，开始排险作业。

① 消防人员对现场进行防爆测试，将防爆排油泵安放在不具有爆炸危险、油气浓度较低的右船舷位置，防止万一防爆排油泵出现问题，发生爆炸危险。

② 操作组电工连接排油泵电源，并通电试验，确认电机正常运转，防止油舱内汽油被反抽到泵舱。

③ 将排油管和出油管与排油泵连接。

④ 将排油管送入舱底部，事先检查送入舱底部的排油管端部滤网安装是否可靠。考虑到泵机舱杂物较多，安装滤网可防止堵塞管路。

⑤ 将出油管与船上 3 号货舱油管线连接。

以上②~⑤步骤设专人对静电消除线的连接是否正确和可靠性进行检查、确认。

(7) 排油作业

操作组长再次检查确认各项防火防爆措施，以及一旦发生火灾就实施紧急扑救的消防设施和消防人员全部就位后，下达“排油开始”指令，由专人向电工下达“送电”指令，开始排油作业。

最初，泵舱内的汽油缓慢流入到 3 号货舱，但是经过 5min 左右，由于汽油是经过船上油管线进入油舱，船上油管插入装满油的油舱底部，阻力较大，加上从泵舱底部到 3 号油舱管线入口有 6m 的高度差，排油泵动力不足，汽油开始停止流动。操作组决定将排油管直接通过油舱观察孔插入油舱液面下(做好固定)，改用较大流量排油泵进行排油，汽油顺利进入油舱。经过 10 多个小时的谨慎操作，最终于 12 月 22 日 24 时安全地将泵舱和泵机舱内的汽油全部排回到油舱内，剩余的少量残油，通过向舱内注水清洗抽吸和使用吸油毡得到彻底清除。

排油期间由专人每半小时一次现场测爆，主要测爆部位包括泵舱入口、排油泵周围和码头。

（8）消除危险源

进入泵舱及泵机舱内的汽油被安全排出，但此时泵舱、泵机舱和主机舱内已经充满油气，测爆显示，油气浓度仍处在爆炸极限范围内，需要进一步清除油气。但由于油气大量积聚在舱底，不易散发，在经过近6个多小时自然通风无效的情况下，操作组决定采取强制通风办法，尽快消除油气，并立即调集了一部鼓风机，通过风袋将外部新鲜空气送入主机舱底，风机为非防爆型。根据当天风向情况，将风机安装在处于上风口的码头工作面处。经过约4h的外部强制送风，舱内一部分油气得到排放，但是经过再次的防爆测试，显示剩余油气难以排除。操作组决定通过码头配电设施将电源外接到船上主机舱上部的防爆排风扇，对舱内油气进行抽离，通过送风和抽气同时进行的方法，对舱内气体进行置换。24日上午9时50分，测爆显示，主机舱内的油气浓度降低到安全标准，安全启动船上辅机，带动船上通风系统继续对舱内残余油气进行清除。上午11时，经防爆测试，船舶具备安全启动主机条件，关闭与其相连的泵机舱，启动主机，安全离泊进入锚地，指挥部宣布险情解除。

2. 成功经验

“12·21”油轮排险工作历时3天2夜，共计79h，得到成功处置。总结这次排险经过，主要有以下6点经验：

（1）反应迅速，对危险区实施封锁警戒

险情发生后，港方在第一时间内迅速作出反应，立即停止周边码头泊位的一切作业活动，对海上和陆地实施警戒封锁，组织无关人员撤离，调集消防力量，加强监护，做好随时应急的各项准备工作。

（2）严格控制火种

易燃挥发性液体泄漏，一旦遇到火源，将引发火灾爆炸事故。险情发生后，现场指挥部要求切断船上一切动力，控制船员行为，收缴船员手机、打火机，控制火种，防止产生明火或人为出现火花，防止爆炸事故。

(3) 选用合适的防爆型排油设备

所使用的排油泵的防爆等级性能必须满足汽油防爆要求，本次排险根据不同防爆性能的排油泵适用不同的易燃液体、蒸气环境，选用具有消除静电功能的输油管线(管线内有可用于消除静电的软铜线)，杜绝使用一般的输油管。

(4) 消除静电

排油过程一旦静电控制不当，极易造成事故。实际操作中要做到：一是排油管和出油管内的静电消除线要与排油泵可靠连接，同时与船体可靠连接，形成等电位；二是出油管插入舱内汽油液面以下，防止飞溅产生静电。

(5) 严格落实确认制度，加强过程控制

现场设专人对各项措施进行确认，确保落实到位后下达操作指令，严禁未经允许的任何操作行为，严密控制操作过程。

(6) 加强现场防爆监测

安排专人对现场进行防爆监测，掌握油气扩散动态，特别是如果排险需要动用非防爆设备，必须经过指挥部批准，经防爆监测，安放在不会产生爆炸危险的上风口位置。

案例精析

事故发生了，救援结束了，成功的经验也总结出来了，大家也该学习学习了。毕竟，人家救援得很好，总结得也不错。

既要多学人家怎么一步一步救援的，更要学学人家怎么一条一条总结经验的。切记，不能只学会总结成功的经验，更要学会总结存在的问题与不足。

既全面盘点成绩，又深入查改问题，如此扬长避短，应急工作水平怎么会不百尺竿头，更进一步呢?

四、德国汉诺威某汽车厂仓库大火成功扑灭

在德国汉诺威北部的某载重汽车公司，占地约 1.2km^2，

北临中部运河，其余3侧均以大街为界。自1956年来该公司一直生产运输汽车、大型华贵轿车、休闲及旅游汽车。公司有大约1.5万名职工，每天3班，共计日产800辆车及2万件轻合金铸件。

在厂地的北部区域，有多年前从别的冷藏公司获得的一幢综合大楼，占地面积约12000m²，原有的冷冻设备已拆去，改为储放铝铸件芯模、硬模及汽车冲压钣金件的仓库。其中一高架仓库，占地面积1400m²，高24m，有地下室，是一幢3层楼的建筑物。另有多个单层冷库房设计的建筑物。这些大楼绝大多数为钢筋混凝土结构，外墙为隔热或隔冷的双壳型铝合金梯形夹层薄板，主要使用聚苯乙烯为隔热材料，还使用软木沥青化合物作为墙面最终阻热层面，忽视了可燃性。屋顶为水泥及钢质焊条上铺轻型水泥板，然后用沥青纸覆盖密封。旁边还有一幢3层的老行政管理大楼，上层作办公室，底层作车间。

2002年12月14日17时55分，工厂西北部综合大楼仓库冒烟，该载重汽车厂发生了历史上最大的一场火灾。

工厂消防队通过内部电话报警得知，在综合大楼的仓库北部区域，有看得见的烟雾。于是消防队派出2辆轻型消防车，1辆举高喷射消防车及1辆罐式消防车，3min后到达现场。工厂消防队长经过简单的勘察，发现在老办公大楼的西侧屋顶有浓烈冒烟，立即发出火警信号，呼叫汉诺威消防队。第一步措施是从球形管网*DN*200的地上消火栓出两支C型水枪，同时进一步侦察邻近的楼层，检查有无身处险境的人员。

根据工厂消防队呼叫，汉诺威州府防火、救护及灾难指挥中心于18时2分首先派出消防及救护站的消防车，包括1辆灭火救护消防车，2辆支援罐式消防车及1辆带斗的云梯车，车上乘有工厂安全人员，于18时6分到达火场。这时候，火焰已经蔓延到建筑物中间及冷库的正面，职业消防队执行突击任务的先头部队于是发出了三级报警。20min后，汉诺威消防队人员到场。18时9分接到报警的值勤领导在9min后到达现场，并根据初步调查作出反应。火势已经全部漫及24m高的高架仓库大厅，并且浓烟滚滚，在离火场50m周围之内无法靠近，必须戴防毒面具。因此总指挥采取了下列措施：

(1)发布最高火警，五级；

(2)要求5个地方消防队派员到火场；

(3)安排后来的地方消防队担当空缺的消防及救护岗位；

(4)起用特别领导指挥组织形式，采用值班电报、电话报警，激活非常事件参谋部。

接下来通知周围1000m范围内的居民，关紧门窗，留在家里。因为天气冷而干燥，东北风(后来转为东风)，使烟雾吹向南方或西方的居民区。灭火力量首先布置在3个方向进攻，即西面、北面、东面。对24m高的高架仓库，通过云梯车上的消防炮及其他消防车炮进行大规模进攻。为了防止火势转移，必须用固定位置的消防装备对大约5800m^{2}的一层楼库房实施保护。

离火场35m远的3号厅是新铸造厂，必须用消防力量保护，从火场北面500m处的中部运河中取用足够的水量。同时在有关领导及技术顾问指导下，正确分析架上的货物种类与数量，例如有铝屑等物品，以采取正确的保护措施。

20时18分，整个大火及强烈的浓烟形成的炭黑蔓延到南面的单层货库，该层通常没有防火材料与前述大楼分隔。消防队试图用移动式水炮从外面进攻3200m^{2}的大厅灭火，在南面由邻近城市志愿消防队人员投入战斗。

在22时整，仍有7门水炮、5门转塔炮、2支8型管枪及6支C型水枪在灭火。但是仓库里的货物本身会促使火势蔓延，因此灭火效果仍不佳。为了加强侦察，警用直升机一直工作到24时，配合灭火工作。

直到次日14时30分，在连续19h战斗之后战斗全部移交给该汽车厂的工厂消防队。

这次火灾投入战斗力的情况如下：

汉诺威事发载重汽车厂消防队、汉诺威消防队227人；朗根哈根志愿消防队 20 名人员参战；加伯林志愿消防队 20 名人员参战；汉诺威康特嫩特尔工厂消防队 20 名人员参战；汉诺威警察参战 30 辆汽车，80 名公安人员。这样大规模的救灾行动，采取了如下各种特殊措施：

(1)掌握有害材质扩散的监测情况；

(2)控制住被污染了的消防水；

(3)了解新闻媒体及邻近单位的信息；

(4)确立广阔的封锁区域；

(5)维持原工厂的功能。

环境监测报警是在火灾发生后 30min，5 个工作组采用电子射线测量技术，对 CO、HCN、NO_x 及 HCl 等有害物质进行了监测。在顺风方向 10km 处进行了半定量测定；在火场附近 50m 处，从 18 时 45 分到大约次日 4 时整也进行了必要的监测。

火场出水时间是 18 时 37 分，估算用水量达 20000L/min。经过火场污染的消防水，用泵输送到城市污水系统，采取了回收预防措施。

火场进行了封锁，局部地区持续到 15 日 11 时整。

次日下萨克森州刑事当局及地方警察领导到火场实地调查，确定火源始自办公大楼到原冷库综合大楼之间的西部范围。在初步分析确定不是人员疏忽或蓄意纵火可能之后，认为较大可能是技术缺陷所造成。

火灾造成 5000 万欧元损失，24m 高的货栈全部损坏。附近的大楼也有部分倒塌，外墙全部烧坏，屋顶全长 62m 也都烧坏。

此次火灾中，首先出动了工厂的 5 台消防车及汉诺威州府的 17 个志愿消防队。后来又呼叫了附近其他几个城市的志愿消防队及有关警察，共出动 300 多人及大量消防设备，才阻止了火势的蔓延，扑灭了火灾。

案例精析

应急装备是开展应急救援工作必不可少的工具。在火场，没有消防器具，就像打仗没有武器一样，必败无疑。在发生大规模火灾时，该厂及时投入足够的消防车和其他灭火装备（C 型水枪、水炮、转塔炮、管枪、警用直升机等），并取得足够的水资源，且有大量人员全力以赴，这都是此次灭火取得成功的重要保证。

此外，事故发生时，工厂消防队能够立即发出警报，请求增援，确定警报级别，并迅速检查有无身处险境的人员；担任总指挥的执勤领导能够在侦察火情后，迅速采取 4 项有效措施，并通知周围居民关闭门窗、留在家中等，这一系列措施在应急救援上是正确的，说明该厂消防队有过好的应急演练，并制定了有效的应急预案。

在这样大规模的救灾行动中，救援机构能够考虑全面，掌握有害材质扩散的监测情况、控制住被污染了的消防水、了解新闻媒体及邻近单位的信息、确立广阔的封锁区域、维持原工厂的功能等特殊措施，说明该救援组织应急管理成熟，应急工作落实到位。

第七节 信息公开，过程透明

百人遇难尸未还，救援虽止无人怨

2005 年 8 月 7 日 13 时 30 分，广东省梅州市某煤矿发生透水事故，123 名矿工被困井下，事故正在抢救中。

接到特大透水事故报告后，国家安全生产监督管理总局局长立即组织有关司室进行研究，并对事故的抢救和处理工作提出以下意见：

（1）立即启动事故应急救援预案，要全力组织事故抢救工作，核对井下人数，采取一切有力措施，为井下人员创造生存条件，抢救被困人员。

（2）立即组织排水设备，落实排水措施，保证电力供应，加大排水能力。

（3）在事故抢救过程中，制定严密的安全技术防范措施，确保抢救人员的安全，防止事故扩大。

（4）邻近煤矿立即停产撤人，有类似隐患的煤矿立即停产，深入排查事故隐患，全面落实整改措施。

（5）认真做好事故善后工作，确保社会稳定。

（6）相关领导率有关人员赶赴事故现场，指导事故抢救、组织事故调查处理工作。

抢救指挥部一直在国家相关部门、省和市政府直接指挥下进行，大批专家共同研究方案。但是，经过23天日夜抢救，鉴于被困矿工生还无望，抢险工作又面临较大安全隐患，透水事故抢险救援指挥部29日16时30分召开新闻发布会，正式宣布放弃救援工作。

据指挥部新闻发言人介绍，20多天来，全体抢险救援人员坚决贯彻落实党中央、国务院指示精神，坚持只要有一线希望，就决不轻言放弃的工作方针，全力以赴开展救援工作。但由于大兴煤矿地质情况复杂，矿井透水量巨大，开采系统混乱，透水后井下原有巷道和设备遭到破坏，随着水位下降，追排水到一定深度后，有关工作变得越来越困难。近两天井下出现数次垮塌现象，直接威胁抢险人员的人身安全。专家指出，进一步开展抢险救援存在无法排除的安全隐患，如按现有方案继续强排水，会造成新的安全事故，风险很大且无实际意义。

此前，从事生命科学研究的专家到实地考察，对井下被困矿工的生存环境及生存可能等问题进行认真分析研究后，提出了评估意见，认为井下截至8月23日，在矿井内水面以下已不具备生命存活的条件。

根据专家意见，指挥部经认真研究并报经省政府同意，决定于29日终止抢险救援工作。这次事故被困矿工123人全部遇难，只找到其中6具遗体。

放弃救援工作后，有关方面将集中精力做好家属安抚和善后工作，进一步做好事故查处工作，并抓好煤矿安全整治，维护矿区社会稳定，逐步恢复正常生产生活秩序。

按过去某些地方矿难发生后某些网站的习惯，若出现这种情况，会成网评的焦点。然而，令人们注目的是，“终止抢救的消息”传出来，大多数网评除对遇难矿工表示致哀外，对矿难发生所在地政府的决定比较谅解，“8·7”特别重大透水事故的救援工作在人们的理解中走近尾声。

案例精析

近些年来，对矿难尤其是特大矿难，人们都表现出空前的关注，会通过报纸、网络表达各自的想法和见解。这是国人良心的显示，也是政府以人为本的体现。面对矿难，人们都抱着“知其然，也知其所以然”的心态。过去某些地方出现矿难，遮遮掩掩，避重就轻，甚至进行消息封锁，从而引发媒体的批评、群众的不满。

引发123个矿工遇难的“8·7”矿难是令人悲痛的，其教训也是极其深刻的。但是，矿难23天后终止抢救工作决策能获得公众的认可，这一点却不失为各地借鉴：救援信息透明，让公众获得充分的知情权，有利于社会稳定，有利于救援决策的实施。

“8·7”矿难能得到公众的充分谅解，有两个重要的原因：

首要原因，就是信息公开，将矿难抢救的全过程呈现在公众面前。矿难发生，矿难抢险救援指挥部及全体抢险救援人员坚决贯彻党中央、国务院、省委、省政府领导的指示精神，坚持只要有一线希望就绝不轻言放弃的工作方针，始终以积极的姿态，旺盛的斗志，齐心协力，艰苦奋战，千方百计克服困难，加大抽排水力度，全力以赴救援被困矿工。据悉，当地政府投入的抢险资金达2000多万元，给地方财政带来巨大的负担。在这种情况下，依然全力抢救，充分体现了政府以人为本、尊重生命的精神。

这一过程，毫不保留地被各路新闻媒体进行了“全程报道”。展现在人们面前的是，矿难既天天传出领导层的动态和救灾进展情况，媒体也不断地披露相关内幕，此举赢得了众多中央和外省媒体的好评。

因此，全力以赴地救援，公开透明地报道，就会得到公众的理解和支持。

其次是终止抢救，非为财力所困，实因抢救无望。尽管抢救工作已竭尽全力，但是，经专家评估，井内水面以下被困矿工已无具备生命生存条件，也就是说，井下矿工生还无望。更加严重的是，继续抢救，将直接威胁井下抢险救援人员的人身安全。在此情况下，终止抢救是迫不得已，实事求是的。假若非要“生要见人，死要见尸”，将抢救工作进行到底，非但捞不出尸体，恐怕还会出现新的事故。因此，在抢救确实无望的情况下，果断终止抢救是非常理智的。把道理说明白了，群众自然也就理解了。

发生事故，保持信息通道的畅通，非但必要，而且重要。

第三章 教训类救援案例与精析

第一节 没有预案，应急混乱

一、仓库火灾爆炸伤亡近千，预案缺失祸非一般

2015年8月12日22时51分46秒，位于天津市滨海新区某危险品仓库运抵区最先起火，23时34分06秒发生第一次爆炸，23时34分37秒发生第二次更剧烈的爆炸。事故现场形成6处大火点及数十个小火点，8月14日16时40分，现场明火被扑灭。事故造成165人遇难，8人失踪，798人受伤住院治疗；304幢建筑物、12428辆商品汽车、7533个集装箱受损，经济损失达百亿元人民币。

8月12日22时52分，天津市公安局110指挥中心接到该公司火灾报警，立即转警给天津港公安局消防支队。与此同时，天津市公安消防总队119指挥中心也接到群众报警。接警后，天津港公安局消防支队立即调派与该公司仅一路之隔的消防四大队紧急赶赴现场，天津市公安消防总队也快速调派开发区公安消防支队三大街中队赶赴增援。

22时56分，天津港公安局消防四大队首先到场，指挥员侦查发现该公司运抵区南侧一垛集装箱火势猛烈，且通道被集装箱堵塞，消防车无法靠近灭火。指挥员向该公司现场工作人员询问具体起火物质，但现场工作人员均不知情。随后，组织现场吊车

清理被集装箱占用的消防通道，以便消防车靠近灭火，但未果。在这种情况下，为阻止火势蔓延，消防员利用水枪、车载炮冷却保护毗邻集装箱堆垛。后因现场火势猛烈、辐射热太高，指挥员命令所有消防车和人员立即撤出运抵区，在外围利用车载炮射水控制火势蔓延，根据现场情况，指挥员又向天津港公安局消防支队请求增援，天津港公安局消防支队立即调派五大队、一大队赶赴现场。

与此同时，天津市公安消防总队 119 指挥中心根据报警量激增的情况，立即增援。期间，连续 3 次向天津港公安局消防支队 119 指挥中心询问灾情，并告知力量增援情况。至此，天津港公安局消防支队和天津市公安消防总队共向现场调派了 3 个大队、6 个中队、36 辆消防车、200 人参与灭火救援。

23 时 08 分，天津市开发区公安消防支队八大街中队到场，指挥员立即开展火情侦查，并组织在该公司东门外侧建立供水线路，利用车载炮对集装箱进行泡沫覆盖保护。23 时 13 分许，天津市开发区公安消防支队特勤中队、三大街中队等增援力量陆续到场，在运抵区外围利用车载炮对集装箱堆垛进行射水冷却和泡沫覆盖保护。同时，组织疏散该公司和相邻企业在场工作人员以及附近群众 100 余人。

这次事故涉及危险化学品种类多、数量大，现场散落大量氰化钠和多种易燃易爆危险化学品，不确定危险因素众多，加之现场道路全部阻断，有毒有害气体造成巨大威胁，救援处置工作面临巨大挑战。国务院工作组不惧危险，靠前指挥，科学决策，始终坚持生命至上，千方百计搜救失踪人员，全面组织做好伤员救治、现场清理、环境监测、善后处置和调查处理等各项工作。天津市委、市政府迅速成立事故救援处置总指挥部，确定“确保安全、先易后难、分区推进、科学处置、注重实效”的原则，把全力搜救人员作为首要任务，以灭火、防爆、防化、防疫、防污染为重点，统筹组织协调解放军、武警、公安以及安监、卫生、环保、气象等相关部门力量，积极稳妥推进救援处置工作。共动员现场救援处置的人员达1.6万多人，动用装备、车辆2000多台。公安部先后调集周边8省市公安消防部队的化工抢险、核生化侦检等专业人员和特种设备参与救援处置。公安消防部队会同解放军、武警部队等组成多个搜救小组，反复侦检、深入搜救，针对现场存放的各类危险化学品的不同理化性质，利用泡沫、干沙、干粉进行分类防控灭火。

事故现场指挥部组织各方面力量，有力有序、科学有效推进现场清理工作。按照排查、检测、洗消、清运、登记、回炉等程序，科学慎重清理危险化学品，逐箱甄别确定危险化学品种类和数量，做到一品一策、安全处置，并对进出中心现场的人员、车辆进行全面洗消；对事故中心区的污水，第一时间采取“前堵后封、中间处理”的措施，在事故中心区周围构筑1m高围堰，封堵4处排海口、3处地表水沟渠和12处雨污排水管道，把污水封闭在事故中心区内。同时，对事故中心区及周边大气、水、土壤、海洋环境实行24h不间断监测，采取针对性防范处置措施，防止环境污染扩大。9月13日，现场处置清理任务全部完成，累计搜救出有生命迹象人员17人，搜寻出遇难者遗体157具，清运危险化学品1176t、汽车7641辆、集装箱13834个、货物14000t。

案例精析

此次危险品仓库特大火灾爆炸事故，事故中的爆炸总能量约为450t TNT当量，是新中国危险化学品仓储历史上最严重的一起事故。此次事故，造成了重大的人员伤亡和空前巨额的经济损失，社会影响极大、极坏，教训极为惨重。

回顾救援，总的看，爆炸发生前，天津港公安局消防支队及天津市公安消防总队初期响应和人员出动迅速，指挥员、战斗员及时采取措施冷却控制火势、疏散在场群众；爆炸发生后，现场处置工作有力有序有效，没有发生次生事故灾害，没有发生新的人员伤亡，没有引发重大社会不稳定事件。

但是，整个事故救援处置过程中也暴露出不少问题。其中，预案的缺失是造成此次事故恶化的一个重要原因。一是该公司未按《机关、团体、企业、事业单位消防安全管理规定》(公安部令第61号)第40条1的规定，针对理化性质各异、处置方法不同的危险货物制定针对性的应急处置预案，组织员工进行应急演练；未履行与周边企业的安全告知书和安全互保协议。事故发生后，没有立即通知周边企业采取安全撤离等应对措施，使得周边企业的员工未能第一时间疏散，导致人员伤亡情况加重。二是有关消防力量对事故企业存储的危险化学品底数不清、情况不明，致使先期处置的一些措施针对性、有效性不强，降低了救援的成效。

二、井喷失控预案不全，数百人亡实属含冤

2003年12月23日，位于重庆市开县罗家16H井发生特别重大井喷失控事故，造成243人死亡，直接经济损失9262.71万元。

2003年12月23日2时52分，罗家16H井钻进至深4049.48m时，因更换钻具需要，在仅进行了35min泥浆循环(应该循环90min)的情况下，就开始起钻。

在起钻作业中总共起钻120柱，灌注泥浆38次，但是在操作中没有遵守每3柱钻杆灌满泥浆1次的规定及时灌注泥浆。

21时55分，录井员发现泥浆溢流，向司钻报告发生井涌，司钻发出井喷警报，井队采取多种措施未能控制局面。至22时4分左右，井喷完全失控，富含硫化氢的天然气大量逸出。

经过当地紧急组织指挥，邻近村镇的群众在深夜黑暗、通信不畅、山区地形复杂、道路崎岖的困难条件下，沿公路分别向周边各方向转移。至24日凌晨2时，约有1万人到达距离井口

2km 的安全地带。

10 时 30 分左右，石油管理局钻控公司救援队伍抵达现场，在工作站办公室重新成立了指挥部，由井队分工负责现场搜救和技术工作，地方政府分工负责安置转移群众，保证灾民生活和中毒人员救治，保持社会秩序稳定。

24 日 15 时 55 分左右，16H 井放喷管线点火成功，至此富含硫化氢天然气持续喷出了 18h。

截至点火成功，从现场共搜救出 65 人，其中救治 58 人，抢救中死亡 8 人，转移群众约 3.3 万人。

27 日 11 时，罗家 16H 井压井成功，持续约 85h 的井喷失控得到控制。

在事故中撤离灾区的群众总计 65632 人。截至 2004 到 2 月 9 日，累计门诊治疗事故伤病人员 26555 人(次)；累计住院治疗 2142 人，住院治疗 86 人，重症病人 9 人。

此次事故的直接原因：

(1) 起钻前泥浆循环时间严重不足；长时间停机检修后没有充分循环泥浆即进行起钻；起钻过程中没有按规定灌注泥浆；未能及时发现溢流征兆。

(2) 卸下钻具中防止井喷的回压阀未能及时采取放喷管点火，将高浓度硫化氢天然气焚烧处理，造成大量硫化氢喷出扩散，导致人员中毒伤亡。

此次事故的管理原因：

(1)安全生产责任制不落实。该事故的直接原因表现出该井场严重的现场管理不严、违章指挥、违章作业问题。

(2)工程设计有缺陷，审查把关不严。未按照有关安全标准标明井场周围规定区域内居民点等重点项目，没有进行安全评价、审查、对危险因素缺乏分析论证。

(3) 事故应急预案不完善。井队没有制定针对社会的“事故应急预案”，没有和当地地方政府建立“事故应急联动体系”和紧急状态联系方法，没有及时向当地政府报告事故、告知组织群众疏散的方向、距离和避险措施，致使地方政府事故应急处理工作陷于被动。

（4）高危作业企业没有对社会进行安全告知。井队没有向当地政府通报生产作业具有的潜在危险、可能发生的事故及危害、事故应急措施和方案，没有向人民群众做有关宣教工作，致使当地政府和人民群众不了解事故可能造成的危害、应急防护常识和避险措施。由于当地政府工作人员和人民群众没有硫化氢中毒和避险防护知识，致使事故损害扩大(如有部分撤离群众就是看到井喷没有发生爆炸和火灾，而自行返回村庄，造成中毒死亡)。

案例精析

此次特别重大井喷失控事故，造成243人死亡、数千人受伤，疏散转移6万多人，这是我国石油行业类似事故伤亡人数最多的一次。

事故伤亡何以如此之重，主要原因：一是发生事故的地方，周围群众居住比较分散，不易通知撤离；二是事故发生在晚上，大气压力低，硫化氢不易扩散；三是该钻探公司此前并未向周围居民告知富含硫化氢天然气的危害及应急自救方法；四是在井喷后的数十个小时之内，钻探公司一直没有采取点火措施，以致高毒气体不停地蔓延；五是当地医疗手段和设备的落后以及应急措施的匮乏造成一部分中毒人员未能得到及时救治而死亡。

其实，归根结底，造成伤亡如此惨重的原因，就是一句话，该钻探公司进行石油天然气开采属于高危行业，应当预见到作业过程中可能诱发井喷并造成有毒气体外泄，应制订包含及时点火、及时疏散群众等重要内容的事故应急预案，并保证预案得到顺利实施，但他们没有做到，因此，只有从上到下一起吞咽这起特大事故酿成的苦果。

此次事故教训惨重，应当深刻吸取。

三、“二合一”房突然起火，处置不当恶化升级

1999年6月12日17时10分，广东省深圳市某电子厂发生火灾，造成16人死亡，59人受伤以及四层楼房的厂房全部烧毁的特大火灾事故。

6月12日17时10分，该电子厂发生火灾，大火从一楼烧起，浓烟与大火顺着楼梯迅速往上蔓延。当时厂房内共有员工166名，由于该厂房窗户都被钢筋封住，又只有一个出口，其他出口包括通往楼顶的出口被封住。给员工疏散造成极大的困难，一部分员工被困在四楼。5min后消防中队赶到现场灭火、救人。整个抢险过程中调动120名消防队员、25辆消防车，从厂房四层救出58人。大火于18时30时左右被扑灭。这起事故造成16名员工在四楼楼道处窒息死亡，其中女工12名。

事故的直接原因，是日光灯从房顶脱落后掉在包装纸箱上，镇流器发热引燃纸箱导致火灾。

该电子厂在建厂期间对楼房进行装修和封堵门窗，均未报消防部门审核验收。该厂房一层、二层为库房，三层、四层为生产车间，属于典型的“二合一”厂房。所有窗户均安装防盗网(钢筋)，通往楼顶的大门被锁死，火灾发生后，员工逃生困难；消防栓没有水压，火灾发生后无法扑救；全体员工未经过安全培训；厂内无安全生产规章制度；更加恶劣的是，火灾发生后该厂管理人员各自逃生，没组织员工疏散；政府专业主管部门很少对该厂进行检查等。上述问题，是此次事故造成人员伤亡和事故扩大的重要原因。

案例精析

这起事故，属于典型的“二合一”厂房中发生的事故，为了降低生产成本，这种现象屡禁不止。但是，如果企业主能做个明白人，这样的事故就会大大减少，至少会大大减轻事故的后果。

首先，知道“二合一”的危害，如容易发生火灾、中毒等事故，发生事故，人员难以逃生等。

其次，能针对这些危害，制定简单有效的应对措施，譬如对员工进行火灾常识教育，告知他们如何使用灭火器、如何使用消防栓、如何报火警，相关管理人员如何组织员工逃生等。

如果这样，那么厂房还是原来“二合一”的厂房，但是因为有了针对性的事故应急处置措施，事故必将大大减少，后果会大大减轻。

本案例中，所有窗户均安装防盗网(钢筋)，通往楼顶的大门被锁死，火灾发生后，可谓插翅难飞。员工“飞”不出去，如果他们能及时使用灭火器，也可能就地把火给灭了，“止火于始萌”。可没人受过安全培训，让他们怎么去用灭火器？而且，灭火器配没配、配了好不好用都令人怀疑；再者，假如员工在楼道里乱窜，也不能指靠他们灭火，那么，有关管理人员若能及时拿出钥匙，开门放人，也不会有那么多人烧死、毒死，开下锁又花不了什么钱。可是管理人员却不管员工死活，只顾各自逃生，那些插翅难飞的员工，也就只有活活丧命了。

因此，抓事故防范，讲究标本兼治，重在治本。如果无力治本，至少也得治治标。如果本也不治，标也不管，那么，发生事故，实是必然；出了事故，不断恶化，小事故发展成特大事故，也同样绝非偶然了。

第二节　方案不当，指挥失误

一、大楼火烧 4 小时，20 官兵瞬然亡

2003 年 11 月 3 日，湖南省衡阳市某商住楼经历了一场生死劫，一场大火突然来临，20 名官兵遇难。

该楼始建于 20 世纪 90 年代末，一楼全部租给周边市场部分

商家做仓库。仓库内主要存放电器、塑料、干货及副食品等物品。

3日4时40分左右，该楼一楼大厅内突然有烟雾冒出，值班的保安人员感觉情况异常后立即拨打119报警并通知相关人员。

3日5时10分许，市公安消防支队16辆消防车、160多名官兵迅速赶到现场。该楼除一楼大厅外，上面七层全是商住楼。此刻，楼上居民有的仍在沉睡中。为避免居民出现伤亡，官兵们自下而上，挨家挨户将他们叫醒并疏散到安全地带，成功疏散了大厦内被困的94户412名群众。

3日8时30分左右，大厅内的火势越来越猛，楼上的一些房间也纷纷着火，大厅内水泥墩上的水泥表皮开始剥落。

为彻底扑灭大火，官兵们扛起消防水枪，从割开的洞口钻进去，向大厅深处挺进。然而，意想不到的灾难降临了。8时37分，随着一声巨响，该楼的西面、北面及南面的部分楼房突然倒塌，10多名正在里面扑火的官兵被埋在废墟之中。

部分楼房倒塌后，大火仍在燃烧。特别是东面未倒塌的楼房，大火从底部一直燃到顶部。消防官兵们在西面的废墟上用高压水枪猛烈扫射，一次又一次将反扑的火势压了下去。直到中午12时多，整个大火被控制住，但仍不时有零星火星突现。

案例精析

200多名热血男儿赴汤蹈火、浴血奋战，94户412名群众安全脱险，这本是此次特大火灾救援行动的巨大成功！但在扑灭余火的过程中，大厦顷刻间轰然倒塌，部分消防官兵被废墟埋压，20名消防官兵壮烈牺牲，酿成新中国成立以来死伤消防员最多的一次火灾事故，却为本次救援行动画了一个极不圆满的句号。

为什么一幢楼垮塌下来，有如此众多的消防队员因此牺牲？而且他们牺牲在群众都被疏散之后，这不能不令人深思。

根据《建筑设计防火规范》(GB 50016—2006)，即使耐火等级为一级的建筑物，其不燃烧体的耐火极限也仅是3h，而在9层高的钢筋水泥框架结构楼房经4个多小时的大火炙烤，消防指挥人员仍没有下令消防队员撤离危险建筑物，这不能不说是指挥人员专业知识不足，指挥不力。

消防队员是有专门技能的人，懂得救人更应懂得自救。以英雄主义的豪情挺着血肉之躯迎难而上，威武不屈，精神可嘉，行为可敬。但面对不可抗拒的死亡威胁，若仍不惜生命，坚持战斗，却不足取。英雄主义是需要的，但对于我们和谐社会而言，理应更多些科学精神和专业技能。

中国人向来敬畏火，但我们今天要面对的已不是简单意义上的火灾，如何基于现代科学技术规范，提高指挥人员和救援人员的相关专业的技术知识，是应急救援工作者必须认真对待的课题。

二、染厂大火已然扑灭，清理火场数百伤亡

1994年6月16日，珠海市某织染厂发生一起特大火灾和厂房倒塌事故，死亡93人，受伤住院156人，毁坏厂房18135m^{2}及原材料、设备等，直接经济损失9515万元。

6月16日下午，珠海市某工程安装公司6名工人在织染厂A厂房一楼棉仓安装消防自动喷淋系统，使用冲击钻钻孔装角码。16时30分，在移动钻孔位置用手拉夹在棉堆缝中的电源线时，造成电线短路，棉堆缝突然冒烟起火，在场的工人由于不会使用灭火器，致使火势迅速蔓延。在2~6楼上班的织染厂工人，见到有烟上楼，即自行跑出厂房。

16时45分，消防中队接报后，立即出动消防车4台，消防队员16名，10min后赶到火场灭火。市消防局先后调集4个消防中队24台消防车参加灭火。16日19时至17日凌晨1时，省消防局又先后调集了周边消防支队28台消防车、222名消防人

员到场灭火。省公安厅和市委、市政府以及区、镇的有关领导也迅速赶赴现场指挥扑救。由于棉花燃烧速度快，风大火猛，厂区无消防栓，消防车要到 3km 以外取水，给扑救工作增加了很大困难。经过奋勇扑救，17 日凌晨 3 时，大火基本扑灭。

17 日凌晨 3 时 30 分以后，周边消防支队相继撤离，事发地留下一个中队 40 多人、4 台消防车继续扑灭余火。由于紧扎的棉包在明火扑灭后仍在阴燃，为有效地消灭火种，火场指挥部先后调来七、八台挖掘机和推土机进入厂房将阴燃的棉包铲出。8 时左右，应火场指挥员的要求，厂方先后两次共派出 50 多名工人到三楼协助消防人员清理火种。13 时左右，厂方又自动组织约 400 多名工人进入火场清理火种、搬运残存的棉包。14 时 10 分，A 厂房西半部突然发生倒塌，造成大量人员伤亡。

厂房倒塌后，立即成立了现场抢救指挥部，动员公安、武警、驻军及有关部门 16000 多人和大批车辆、机械参加抢救工作，千方百计抢救被埋在废墟中的人员和遗体，先后抢救出 6 名工人。为清除隐患，于 20 日 17 时 21 分，用定向爆破法，将东半部危楼炸毁。

火灾现场由于厂房倒塌和经过清理之后，起火原因无法从技术上鉴定，主要是通过调查知情人、查阅有关资料和反复研究分析认定的。消防工程安装公司职工在棉花仓库用冲击钻打孔时，带驳接口的电源线被夹在可燃物中，当用力拉扯电线时产生短路引燃了仓库的棉花，这是引起火灾的直接原因。

建设公司在厂房消防设施尚未竣工验收的情况下，就将厂房提前交付给织染厂使用，造成边施工边生产。厂方将纺织车间作为棉仓，堆放大量的棉花，并在库内存放柴油、氧气瓶等，当电线短路引燃棉花时，氧气瓶发生爆炸，加剧火势的发展；加之在场的消防工程安装公司和厂方职工缺乏防火常识，自救能力差，工人不会使用灭火器材；厂内缺乏消防用水，消防队要到离火场 3km 以外的地方取水，未能将初始火灾扑灭。这是火灾迅速蔓延扩大的主要原因。

裕新厂 A 厂房是土建验收合格的六层框架结构建筑物；大火持续燃烧十多小时，使厂房结构严重受损，加之扑救大火时二、三楼喷射了大量的水，二楼以上的荷载及大火基本扑灭后多台履带式的推土机、挖掘机在厂房内搬运棉花时产生的震动等因素所形成的综合作用，致使厂房倒塌。

扑灭余火期间，现场警戒人员已先行撤离。厂方组织过多的工人进入火场清理阴燃和散落的棉花。楼房倒塌时，大批工人仍在火场。这是楼房倒塌时造成重大人员伤亡的主要原因。

案例精析

此次事故发生如此严重的后果，既与工人自救技能差，不会使用灭火器扑灭初火有关，但最关键的原因，还是由指挥人员在指挥扑灭余火的过程中出现重大失误造成的。

结调查分析，造成厂房倒塌的原因主要有两个：

一是大火长时间持续燃烧、使建筑结构严重受损。

自 6 月 16 日 16 时 30 分 A 型厂房起火至 17 日凌晨 3 时将大火基本扑灭，大火持续燃烧近 10 个小时，已大大超过 3h 的耐火极限。据灾后质检部门从受损构件中未开裂的普通混凝土部分取样进行抗压强度试验，其强度仅为 11.5MPa，远远低于 C28(相当于 32.2 MPa)的设计强度，倒塌后碎裂的混凝土，其强度更低。这是因为，在持续的高温作用下(据判断火场内最高温度在 1000℃以上，部分混凝土内钢筋温度达 600℃左右)，钢筋屈服强度显著降低，产生过大的伸长变形；混凝土的石英组分(砂、砾石)的体积发生突变，产生脆性破坏。又由于钢筋、水泥、砂、石等建筑材料在大火焚烧后膨胀系数的差异及结构件内外、不同部位的温差，使钢筋和混凝土无法协同工作，整体结构受到严重破坏。这是造成厂房倒塌的主要因素。

二是大型机械作业产生的震动。

该建筑物的设计荷载为8000kN/m^2，火灾后因结构受损，其整体负载能力已严重降低。而该建筑物二楼以上的自重和摆设的纺织机器及堆放的棉包等并未因火灾减轻重量。因此，在局部严重受损的建筑构件部位，极有可能失去荷载能力，使破坏突然发生。

大火基本控制后，在扑灭余火、清理火种的过程中，部分履带推土机、挖掘机进入火场一楼作业将棉包推出或钩出厂房。在作业中，这些机械所产生的震动，对结构已严重受损的该建筑物也有一定的影响。

这两种原因，是否消防人员都应该考虑到呢？不说大型机械作业产生的震动影响，作为消防指挥员，起码应该知道建筑物耐火极限这个基本概念，应该知道大火长时间持续燃烧、使建筑结构严重受损，因此，也应该在大火持续燃烧近10个小时，已大大超过3h的耐火极限之时，作出严禁进入建筑物进行救援的决定。若此，余火继续、厂房倒塌的事故可能无法避免，但93人死亡156人受伤的恶果绝对可以避免。

指挥是一种权力，也是一种责任，更是经验与科学、理论与实践的艺术体现。要作一个好的指挥官，当先练好基本功，获取真功夫。

三、丙烷储罐爆炸在即，视险不撤终尝苦果

1998年4月9日，当地时间大约23时28分，美国衣阿华州艾伯特市Herrig兄弟农场一台装有18000gal(68.1m^3)丙烷的卧式储罐发生爆炸。事故原因是1名未成年人未经农场主同意驾驶一辆全地形越野车。撞坏地面上2根丙烷管道，引发了丙烷储罐大火并发生沸腾液体扩散蒸气爆炸。

爆炸使储罐产生的碎片砸死了2名志愿消防人员，另有7名应急救援人员受伤。有几座建筑物被爆炸产生的冲击波毁坏。

事故发生当天的晚上，8名高中年龄的青少年(其中包括一

农场合伙人的儿子)在农场聚会，这种聚会类似于社会上的酒吧聚会，没有通知和征得业主的同意，业主也没有住在农场。大约23时左右，1名年轻人开始驾驶一辆越野车绕着农场兜风，不久驾驶员载上1名同伴，然后继续开车。当行至丙烷储罐和火鸡屋舍之间向东行驶时，撞上了地面上的2根丙烷管道(液体管线和气体管线)，管道连接丙烷储罐和火焰加热式蒸馏器，蒸馏器距北边的储罐约11m。

液体管线从储罐上完全断开，此管与储罐下的一个手动截止阀连接，而防止液体从管线大量泄漏的过流限制阀却失去功能，致使储罐中的丙烷从管道断裂处泄漏出来。当液态丙烷从储罐中泄漏出来时，很快变成蒸气。与此同时，丙烷蒸气也从毁坏的气体管线中泄漏出来。从管线泄漏的丙烷形成云团，且在几分钟内被点燃。由于液体管线的断裂，大火开始在储罐下猛烈燃烧。

2名年轻人开车到附近农场报告发生的事情，大约23时10分，邻居报打火警电话。

20名艾伯特市志愿消防部门的消防人员和2名县政府代表在23时21分首先到达农场，消防人员发现2个最初的火源地点：储罐的西端和储罐顶端的安全阀、管道断裂处。据1名消防人员说，储罐西端(靠近断裂液体管线的一端)被大火吞没，另1名说丙烷储罐全部被大火吞没，火焰冲天，高达70~100m。由于火太大，消防人员无法到达断裂管道的手动截止阀处，无法关掉阀门停止丙烷的外泄，因此大火继续燃烧，无法控制。消防人员形容安全阀发出的声音就像站在一架喷气式飞机旁，而其发动机像被什么东西全部卡住那样的感觉。

市消防部门的灭火计划是让火自行燃尽，同时用水泼洒储罐临近的建筑物。2组消防队在距燃烧的储罐北侧27m建筑物附近的不同位置。消防队员没有用水喷洒储罐，而是用消防水车喷洒周围的建筑，以防建筑物着火。由于农场没有消防用水源，不得不派出1辆消防车外出取水。

大约 23 时 28 分，储罐爆炸。1 名救援人员描述道，他看到储罐在爆炸之前先是膨胀，随后听到一声巨大的爆炸声。

储罐和管道附件至少被炸成 36 片。一片较大的碎片向西北方向飞去，击中并砸死 2 名志愿消防队员。同时，使 7 名应急救援人员受到不同程度的擦伤、砸伤和烧伤。农场的建筑物遭到破坏，直接经济损失大约 24 万美元。

案例精析

此次救援在技术上存在重大错误，即当火焰已经包围丙烷储罐，消防人员没有对罐体特别是着火部位进行喷水，而是只对周围的建筑喷水保护；当听到安全阀发出的声音就像站在一架喷气式飞机旁，而其发动机像被什么东西全部卡住那样的感觉，也即储罐即将发生爆炸之时，距离储罐很近的消防队员没有立即撤退逃生，是导致这次应急救援行动出现重大人员伤亡的根本原因。

这起爆炸事故是典型的沸腾液体扩散蒸气爆炸（Boiling Liquid Expanding Vapor Explosion，BLEVE）。当盛装在容器中的可燃液体暴露于火源时，BLEVE 就可能会发生。《制造（加工）工业损失的预防》（美）一书对 BLEVE 是这样描写的：

当装有一定压力液体的容器暴露于火源中时，这种液体就会被加热，蒸气压力升高，容器内的压力增加。当压力达到安全阀设定的压力，阀门打开，将蒸气释放到大气中，容器中的液面下降，液体对它接触的那部分的容器壁有一定的冷却作用，但蒸气却没有这种作用。当液体继续汽化，被液体冷却的储罐表面积的比例也就逐渐减少，不一会儿，没有被液体冷却的储罐金属暴露于火源，金属变热，然后爆裂。

BLEVE 的基本特点：容器损坏；如果容器内的液体是可燃的，容器损坏导致来自超热液体的蒸气突然燃烧；蒸气燃烧并形成火球。

因此，当毁坏的丙烷液体管道泄漏的丙烷一旦着火，大火就会吞没储罐。当火焰燃烧时，火焰加热液面以上的储罐的罐壁，引起储罐材料性能的变化；同时，液面以下的罐壁将热量迅速传递给丙烷，引起丙烷沸腾。丙烷沸腾后，由于蒸气膨胀，容器内的压力上升。从着火开始大约10min，压力就开始上升，迫使安全阀打开泄压。18min后，当过热的储罐壁失去足够的强度不再有抗内压能力，储罐开始破裂。由于储罐顶部没有液体丙烷来吸收热量，破裂最可能在液面以上的部位开始，原因是这个部位储罐壁温度最高。

当储罐壁破裂开始之后，下列事件就会瞬间发生：储罐内剩余的丙烷迅速向周围大气中散发，并瞬间汽化；当液体和气体溢出，储罐壁继续撕裂，更多的丙烷溢出，丙烷燃烧，随之发生爆炸，储罐的碎片向四周飞散。

按照美国石油学会(API)的研究结果表明，这种类型的储罐直接在火焰上烧10~30min，如果没有用水冷却，通常就会发生剧烈爆裂。API还发现，有的储罐被烧10min后就会爆炸。因此消防人员在可能发生BLEVE的丙烷储罐火灾救援时速度要快是非常重要的。如果已经拖延了较长的时间，消防人员这时最好的行动是撤离到安全的距离。在这次事故中，从911报警到BLEVE发生只有18min。

因此，对于此种火灾的正确救援方式就是，如果火焰已经烧向储罐，必须使用大量的水直接喷洒燃烧的地方，以防发生BLEVE；有条件的话，使用无人灭火管道系统(自动消防系统)，能更好地避免爆炸对救援人员的伤害。

如果供水系统跟不上，或者储罐处于火海之中已经超过20min；或者发现即将爆炸的前兆，即听到气体刺耳的啸叫，罐体剧烈地抖动，都要立即放弃救援，撤退逃生，并加大隔离范围。

同时，应该注意一点：对于卧式储罐，一般认为爆炸只会从罐体的两端发生，因此，只要站到罐体的两侧，即便发生爆炸，也不会受到碎片的伤害。然而，BLEVE 发生时，碎片会向各方向飞散，即便避开罐体的两端，爆炸同样会对身处罐体两侧的救援人员造成致命的伤害。此次事故，就是一个极好的例证。

四、巨轮着火大西洋，昏招频出百人丧

1913 年 10 月 9 日，“沃尔图诺”号客货两用船正行驶在荷兰鹿特丹港—美国纽约港的大西洋上，船上 600 多名旅客还在睡梦之中，他们大多是到美洲淘金的移民。黎明前，大西洋洋面突然“翻了脸”，西北风开始呼啸，掀起的排排巨浪向甲板上扑来。“沃尔图诺”号在大风浪中全力挣扎着，艰难地前进。

早晨 7 时整，值班三副在驾驶台最先发现船头一号舱的舱口和通风孔突然冒出浓烟，他打电话向船长报告完毕，就与另一名值班水手奔向楼下消防间，抓起一件防毒面具就冲进一号舱，因为三副负责船舶消防，探明火源是他义不容辞的责任。

可是这位年轻的三副却犯了船舶消防大忌，因为在他匆忙打开舱口查看火情前，其他水手还没到场，消防水枪也没准备好，机舱也没启动消防水泵。当三副匆忙打开舱口的刹那间，一股明火和气浪立即将三副和同去的另一名水手扑倒，一股冲天火蛇像受到了莫大的委屈一样冲出舱口。赶到驾驶台的尼奇船长立即命令机舱启动水泵，闻讯赶来的水手们用最快的速度接起所有的消防水带，一场灭火的战斗打响了。

但是，在大风的助威下，火借风势，风助火威，火势毫不减弱。船上装的又是棉花、服装、木箱等杂货，遇到火源立即火烧连营。船长尽力组织更多的船员进行扑救，可惜为时过晚，一切都无济于事，火势反而越烧越猛。很快，二号舱也被点燃了，10 时许，船长感到大火无法控制，而且船上的 600 多名旅客也已处于失控状态，不得不向外发出了 SOS 遇险求救信号。

从三副发现浓烟到发出遇险求救信号，已经过去 3 个小时。最初三副不应该盲目地打开舱口，事发后，船长又过于自信，他

认为依靠自己的力量能够将火扑灭，当他决定发 SOS 信号求救时，大祸已经酿成。

最先听到遇险求救信号并作出反应的是一艘名为“卡曼尼亚”号的货船，当时他距“沃尔图诺”号报告的船位是 144km，船长立即作出前去营救的决定。同时，他又命令自己的报务员将“沃尔图诺”号的遇险电报向外转发，并将自己的船速从 15 节提高到 20 节。即使这样，“卡曼尼亚”号到出事地点已经是下午 2 点了。

在这 4 个小时中，“沃尔图诺”号上火势非但未减，反而越烧越烈，为了控制火势而往船舱喷射的海水，使船头下沉，旅客一片混乱。在船长尼奇获悉有船来救时，他下了不该下的命令，或者说是为时过早的命令。他命令 6 艘救生艇尽可能多装上人，放下海中，以避开船上的大火，等候救援船到来。可是当时的海况太差了，大风仍在呼啸，波涛仍在汹涌。这 6 艘挤满人的救生艇中，有 4 艘在放下的过程中，因大风吹动，左右摇摆，与大船相撞，立即粉身碎骨了。有些旅客在落到海里之前就已经被撞伤，另 2 艘幸运放到海面的救生艇，很快就被大风浪卷走，无影无踪了。

更为可悲的是，在施放救生艇的过程中，大部分船员为了放艇和组织旅客上艇，不得不离开自己的岗位而放弃了救火。特别是机舱的工作人员也离开岗位，致使许多机器停了下来，扑救工作受到了严重的影响。

“卡曼尼亚”号赶到现场后，巴尔船关组织大副带人放下一号救生艇，带上一根缆绳，企图靠上“沃尔图诺”号，终因风浪太大而宣告失败。巴尔船长将船员吊上来后，冒着引火烧身的危险，将自己的船继续向前靠拢，直到两船相距 30m，船员们尽力向“沃尔图诺”号上抛缆绳，但仍没有成功。实际上，在这种恶劣的海况下，一根缆绳已无法把两船连接起来。相反，一只船沉没，还会将另一船拉到海底。

在抢救过程中，“沃尔图诺”号船长尼奇请求“卡曼尼亚”号船长巴尔去寻找下水的两艘救生艇。但不久，尼奇又叫巴尔火速返回，因为“沃尔图诺”号甲板已经变形，随时都会沉没。

双方船长达成共识，现在是救人要紧。巴尔船长又想出一个办法，他在上风处，用绳子放下 6 只救生筏，想借着风力吹到“沃尔图诺”号船舷旁，可是绳子架不住大风浪的冲击，纷纷断了，6 只救生筏转眼间就被大风浪吞没了。

将近黄昏时，又有 8 艘船来到出事现场，但是，都爱莫能助。晚上 10 点多钟，大火吞没了“沃尔图诺”号机舱，机舱断电，“沃尔图诺”号成了一艘“死船”，再也无力控制火势了。报务员依靠蓄电池最后发出的电文是“我们坚持不了多久了”的绝望呼救。“卡曼尼亚”号船长巴尔心如刀绞，他不顾别的船长的劝阻，命令自己的报务员反复呼叫附近有没有油船。原来他想向海面施放原油，用重油压住海浪，便于放艇救人。

这是一条极其危险的措施，一旦海面原油被点燃，这里将立即变成一片名副其实的火海，到时想跑恐怕也来不及了。而且，救援一旦失败，船长有被起诉上法庭的可能。但巴尔船长为了救人，只好孤注一掷了。

次日早上 5 点，一艘名为“纳拉甘斯特”号的油轮满载着原油赶到事故现场。在“沃尔图诺”号的上风处，向海面排放了大量的原油，厚厚的油层像一张巨大的黑地毯铺在海面上，本来风浪就小了许多，这张“地毯”一铺，相比之下好像风平浪静了一般，油“地毯”又是在“沃尔图诺”号的上风处，火是向下风处刮的，周围共 9 艘船抓住时机，纷纷放下救生艇，划破油“地毯”，冒着随时可能被火海包围或是“沃尔后诺”号爆炸的危险，奋勇靠拢“沃尔图诺”号尾部，把幸存者救下船。

521 名旅客和船员安全撤离了险境。之后，人们目睹“沃尔图诺”号像一座火山一样燃烧着，不久就沉入海底。沉没那一刻，海面的原油被点燃，立即形成一片火海，幸运的是，这时的救援船都安全地向上风处驶去。火海过后，海面原油被燃尽。接着人们到处寻找那两艘失踪的救生艇，然而却毫无结果。

在这场狂风烈火的海难中，共有150人丧生，大多数是因救生艇落水而失踪的人员。

案例精析

这是一次惊心动魄的海上大救援，150人命丧大西洋，与“沃尔图诺”号在灭火抢险过程中一错再错密不可分。

当“沃尔图诺”号值班三副在驾驶台最先发现船头一号舱的舱口和通风孔突然冒出浓烟，已经明确是着火了，此时第一反应就应是启动灭火程序，组织相关人员启动消防水泵等设备，迅速进行灭火。可是这位年轻的三副却犯了船舶消防大忌，没等其他水手到场，消防水枪也没准备好，也没启动消防泵，就匆忙打开舱口查看火情。结果当他匆忙打开舱口的刹那间，新鲜的空气为仓内提供了充足的氧气，于是火灾猛然加剧。此时，每一秒钟，都会让火灾呈加速度发展。等到其他水手启动水泵，接好水枪，火灾已经迅速发展了。如果当时在开门的瞬间，立刻启动水龙灭火，不给火灾以喘息的机会，大火也许很快就会被压制下去。

然而，历史的真实不允许假如。在大风的助威下，火借风势，风助火威，火势毫不减弱。此时，船长应该考虑到火势难控，而船上装的又是棉花、服装、木箱等杂货，接下来会出现多么严重的后果，应该立即对外呼救。但是，直到3个小时之后，大火无法控制，而且船上的600多名旅客也处于失控状态，船长才下达了对外求救的命令。这既耽误了宝贵的外部救援时间，也可能因此失去了重要的外部救援力量，因为在流动的大海上，也许3个小时前，就有一艘客轮近在眼前，而3个小时后，它已远向天边。

在等待外部救援的4个小时里，在“沃尔图诺”号上船头出现下沉，旅客一片混乱的情况下，船长命令6艘救生艇尽可能多装上人，放下海中，以避开船上的大火，等候救援船到来。可惜，当时的海况太差，6艘挤满人的救生艇中，有4艘在放下的过程中，因大风吹动，左右摇摆，与大船相撞，粉身碎骨了。另2艘幸运放到海面的救生艇，很快就被大风浪卷走，无影无踪了。而且，在施放救生艇的过程中，大部分船员为了放艇和组织旅客上艇，不得不离开自己的岗位而放弃了救火。特别是机舱的工作人员也离开岗位，致使许多机器停了下来，让“沃尔图诺”号雪上加霜。船长的救人精神是伟大的，愿望也是美好的，但他是否缺乏一点理论结合实际，具体问题具体分析的能力呢？

这一系列错误，值得反思，吸取教训。而在这次海难中，指挥“卡曼尼亚”号进行救援的巴尔船长，遇险不慌，从容应对，却又给我们带来很多启示。

在历经4个小时到达“沃尔图诺”号出事海域后，立即想方设法进行救援。在采取许多办法无果的情况下，巴尔船长想出一个办法，在上风处，用绳子放下6只救生筏，以便借着风力到达“沃尔图诺”号船舷旁，虽然，绳子架不住大风浪的冲击纷纷断了，救生筏被风浪吞没。但这种方法确实应是巧妙的、合理的，也许当时风力再小一点，就大功告成了。

当“沃尔图诺”号机舱断电，成为一艘“死船”，再也无力控制火势之时，巴尔船长大胆设想，力排众议，违反常规先以油压浪，再放筏救人。这是一个危险而高明的主意，使得521人因此得救！

第三节　延误报警，错失良机

一、肇事司机一人逃，28人无辜亡

2005年3月29晚7时许，在京沪高速公路淮安段上行线103km+300m处，发生了一起交通事故，载有约35t液氯的槽罐

车与另一货车相撞，导致槽罐车液氯大面积泄漏。

事故发生后，由于肇事的槽罐车驾驶员逃逸，货车驾驶员死亡，延误了最佳抢险救援时机，造成公路旁3个乡镇村民重大伤亡。到3月30日下午5时，中毒死亡者达28人，送医院治疗350人，其中危重病人17人，病危3人。近万名村民群众紧急疏散，京沪高速公路宿迁至宝应段关闭20h。

案例精析

1人逃生，28人死亡，350人伤，一次人为的不可饶恕的人间悲剧！虽然说泄漏并不是主观愿望，但正是因为槽罐车司机的逃逸，耽误了救援时机，28条无辜的生命离开人世，数百人遭到无妄之灾。假如当时槽罐车驾驶员能够紧急通知相关部门，或就近向周边人员发出紧急疏散告知，可以相信，不会有多少人比他跑得更慢，根本不会有这么多人死亡，甚至送院治疗的人员也超不过死亡的人数。

不能忽视，应急救援也是从预防开始的。通过这个案例，也充分看到了危险化学品公路运输配备押运员进行事故防范的重要性和必要性。《危险化学品安全管理条例》规定，通过公路运输危险化学品，必须配备押运人员，并随时处于押运人员的监管之下，不得超装、超载，不得进入危险化学品运输车辆禁止通行的区域。在这起车祸里，只出现了槽罐车的驾驶员，如果还有专司押运的押运员，也许押运员会及时尽到报警的职责，如果那样，悲剧也就同样不会发生了。可惜，根本没有押运人员的身影！预防措施不到位，应急报警不到位，悲剧的发生也就不能说只是偶然了。

二、得克萨斯炼油厂特大爆炸事故

2005年3月23日13时20分左右，英国某公司位于美国得克萨斯州的炼油厂异构化装置发生了严重的火灾爆炸事故，该事故为美国作业场所近20年间最严重的灾难：事故造成15名员工丧生，170余人受伤，爆炸产生的浓烟对周围工作和居住的人们造成不同程度的伤害。

2005年3月23日凌晨2时左右，异构化装置的操作人员将液态烃原料导入分馏塔中。正常情况下，塔底液位只有1.98m，塔底设有1个液位计，可以检测塔内液位并将数据传送给控制室。同时，塔内设有高高位报警系统，超出规定液位时，控制室将有声音报警。但是，事故发生时液位超过了3.0m以上，操作人员已无法正确读取液位数据，声音报警也失灵了。凌晨3时30分，开始进料，当时液位计指示塔内液位在距离塔底3.0m处。

后来知道这个液位计提供的读数是错误的，通过事后计算，当时塔内的液位超出了液位计的量程，有3.96m。9时50分左右，操作人员开始将液态原料进行循环，并将更多的液体打入液位已经过高的塔中，在当时的情况下，即使液体进入塔中也不会像开车流程规定的那样进行循环，塔的所有流量控制阀已经关闭。

10min后，操作人员按照正常操作流程点燃了加热炉的火嘴并开始给物料加热，塔内液位迅速上升并超出正常值20倍。通过事后计算，塔内当时的实际液位为42 m左右，但是失灵的液位计仍然将液位指示在3m以下并不断下降。12时40分左右，发出了高压警报，加热炉的两个火嘴被关闭以降低温度。由于操作流程所规定的流量控制阀不能正常工作，因此操作人员使用应急泄压阀将气体排到放空罐中，然后排至大气。

13时左右，操作人员打开阀门将液体从塔底送往储罐，但未对塔内的异常工艺状况采取措施，塔底的液体温度非常高，使得换热器出现异常，并且导致进入塔的原料温度突然上升至150℃以上。13时5分，进入塔中的液体开始膨胀并沸腾，导致塔内的液位进一步上升；13时10分左右，塔开始出现溢流，液体被排到塔顶的排放管中，排放管中的液体使 45.72m 处的安全阀受到巨大压力；13 时 14 分，3 个应急泄压阀被打开，液体从异构化装置流向放空罐，部分液体从放空罐溢出进入排污管中，但是放空罐仍处于高液位状态，并被完全充满，而且放空罐顶部的烟囱出现喷溅，喷溅持续了大约 1min，落到地上的液体迅速形成了极易燃烧的蒸气云。通过计算机模拟显示，蒸气云在地面上扩散的速度非常快，1min 后，13 时 20 分，一场严重的爆炸事故就发生了。

爆炸冲击波迅速波及了整个异构化装置，引发了严重火灾，对整个区域造成了严重破坏，该区域内的两个活动板房被炸毁，承包商的 15 名员工在此不幸遇难。通过电视台拍摄的录像可以看到异构化装置爆炸后，由于放空罐的烟囱一直在排放烃类物质，所以还在燃烧，一些车辆也被大火吞噬；50 多个巨大的化学品储罐被毁。

此次事故的原因：

（1）仪器失灵，导致液位蹿升

由于开车过程中，液位计、液位报警器和控制阀出现异常，但精制油分馏塔还是照常启动了，操作人员没有按照开车程序检查关键仪表，也没有按照开车程序打开塔的液位控制阀，没有平衡进出塔的物料，使塔内的液位持续快速上升了 3 个小时，一个失灵的液位指示计显示塔内液位在下降，导致未能及时将液体从塔内转移出去。分馏塔过量进料，液位几乎超过正常值的 20 倍，并过度加热分馏塔造，最终，在塔内形成的烃类蒸气云被不明火源点燃从而引发了爆炸。

如果异构化装置的主管按照要求监督装置的开车过程，如果操作人员按照开车流程进行操作，在出现异常时能够及时采取纠正措施，爆炸将不会发生。

（2）放空罐没有与火炬系统连接

事故发生时，精制油分馏塔不具备有效的压力控制系统来减少超压并将烃类物质转移到两个密闭的系统中，事故当天不安全的放空罐将极易燃烧的物质直接排放到大气中，是事故的主要原因。如果将放空塔连接到火炬系统，事故的严重程度将会大大降低。

（3）活动房处于不安全位置

通过现场勘查，所有遇难者和大部分重伤者都位于承包商的9个活动房里或周围，活动房的位置距离异构化装置的放空罐仅有37m，过于靠近处理高危险性原料的加工装置。

由于放空塔附近的活动房内有部分工作人员，并且当放空塔压力明显升高、烃蒸气被排放到大气中时，工作人员没有及时进行疏散，因此导致事故伤亡人数大大增加。

在决定将活动房安置在放空塔附近之前，虽然进行过风险审查，但是却忽略了异构化装置的操作和管理失误会导致大量烃类液体和蒸气进入放空塔的可能性。

（4）监管失误

该公司的管理者没有按照公司规定所要求的那样，保证有1名经验丰富的指挥人员在装置开车现场进行监管。事故当天上午10时，负责监管的人员因为家中出现紧急情况离开了现场，但没有指派1名富有异构化装置操作经验的人员来接替。

事故发生后，该公司迅速做出反应，公司高层立即赶往得克萨斯州，公司网站也报道了关于事故的最新进展以及公司所采取的应急措施。

该公司成立了独立的事故调查小组对事故开展调查，12月，通过公司全球网站向全世界发布事故调查报告。

该公司承诺对发生在其工作区域内的事件负责，拿出7亿元美金支付受害者赔偿，针对美国职业安全与健康管理局（OSHA）提出的300多条违反监管的指控，交付了2130万元美金的罚金。此外，该公司宣布将在未来5年内投资10亿元美金以提升自己的安全水平。

该公司对直接负责异构化装置运行的管理人员和操作人员进行了惩罚，包括警告和解除劳动合同。

案例精析

此次事故的发生，原因既简单又复杂，简单的是仪表失灵是导致事故的直接原因和主要原因，无可置疑；复杂的是点火源尚未查清，以及在这样一个有着良好安全业绩的世界级大企业里，为什么能发生原因这么简单而后果如此严重的事故。

也许，当仪器失灵，导致分馏塔液位升高，物料从放空罐溢出进入排污管中，放空罐顶部的烟囱出现喷溅，落到地上的液体迅速形成了极易燃烧的蒸气云，此时，一场爆炸事故已经难以避免了。但至少有一点，假如，工作人员能在此时立刻拉响警报，对周围人员及时进行疏散，那么至少可以避免15人的死亡和数十上百人受伤，大大弱化事故的后果。该公司也至少会省下数亿元的受害者赔偿金。

应急救援行动的第一步，永远是从现场操作者的脚下迈出的，也许简单，但绝对关键。因此，严格现场事故应急处置操作程序，加强现场操作人员的应急技能培训，是应急救援的重要基础性工作。基础不牢，应急救援就难以从根本上搞好。

第四节　估计不足，指挥不力

一、风险辨识评估不足，铸成大难咎由自取

1999年11月24日，某公司客滚船“大舜”轮，从烟台驶往大连途中在烟台附近海域倾覆。船上304人中的22人获救，包括船长、大副和轮机长等船上主要船员在内的282人遇难，直接经济损失约9000万元。

1999年11月24日13时20分，“大舜”轮经山东省烟台港

航监督签证，载旅客 264 人、船员 40 人、各种车辆 61 台，载重 1722. 12t(未超载)，自烟台开往大连。

13 时 41 分，“大舜”轮出港，后遇 7~8 级风，并造成汽车舱内车辆碰撞、移动。船长在未得到航运公司答复的情况下决定返航，返航途中船舶更接近横风横浪，船体横摇约达 30°，舱内车辆移位、碰撞加剧，船体出现左倾。16 时 21 分，在小山子岛东北约 10 海里，D 甲板汽车舱 6 区、7 区起火。

航运公司接报警后派出 2 艘空载客滚船，但由于风浪太大，两船均未能抵达现场。

交通部海监局总值班室接到险情报告，于 17 时 8 分和 17 时 13 分，分别报告市政府值班室和海上搜救中心值班室；有关接报单位立即通知和组织协调救捞局、港务局和当地驻军等方面的船舶前往施救。

17 时 30 分，途经的空载杂货船“岱江”轮(4042 总吨)受命抵达现场施救，因风浪太大、操纵困难，救助失败。此后，该轮按照指挥部的命令，在“大舜”轮东侧约 1000m 左右的海面上抛锚待命。17 时 40 分，市政府通知公安、卫生、交通等部门做好岸上各项救援准备工作，随时待命。18 时，市政府值班室向省政府值班室报告“大舜”轮遇难情况，交通部副部长抵达海上搜救中心。

18 时 25 分，交通部海监局请求市政府与部队联系派直升机参与救助。由于各种原因，直升飞机始终不能起飞。

19 时 21 分，“烟救 13”轮抵达遇险现场并试图拖带“大舜”轮，该轮在下风舷先后 5 次接近“大舜”轮，4 次向“大舜”轮发射撇缆枪，“大舜”轮也 2 次向“烟救 13”轮发射撇缆枪，但都因风浪太大，带缆失败，此过程持续约 2h。之后，根据指挥部的命令，“烟救 13”轮一直守候在“大舜”轮附近，伺机救援。

22 时 40 分，烟台牟平区委、区政府组织干部群众赶到养马岛海岸附近，准备救援。

虽经多方努力，但终未奏效。23 时 38 分，船体左倾加剧到 90°，并突然倾覆。

综上所述，“大舜”轮失控后，在左倾比较严重、稳性逐步丧失的情况下随风浪向岸边拖锚漂移，在狂风巨浪下又受近岸波浪和船体水线以上风压的影响，加之舱内自由液面和货物移动加剧，致使船体左倾达极限值后突然倾覆。倾覆时，大部分旅客仍在船舱内。倾覆后，“烟救 13”“烟渔 686”和“烟港拖 15”等船舶先后抵达现场搜寻、救助落水人员，“烟渔 686”轮救起 12 人，“烟救 13”轮救起 1 人，守候在岸边的军民救援队伍在副省长的亲自指挥下救起 9 人，并沿 13km 海岸线千方百计搜寻遇难人员。

气象、海况恶劣是事故发生的重要原因。船长决策和指挥失误，在紧急情况下船舶操纵和操作不当是事故发生的主要原因：

（1）“大舜”轮在开航前收到当天气象台发布的寒潮警报，但船长在对这一季节性恶劣气候的形成和影响缺乏足够认识和准备的情况下，就指挥船舶开航出港，在离港后不到 2h 遇大风大浪即认为难以抵御，又匆忙指挥船舶返航避风，导致掉头返航过程中，船舶大角度横摇，舱内车辆及其货物倾斜、移位、碰撞，使汽车油箱内燃油外泄，汽车相互撞击摩擦产生火花而引起火灾，进而导致通往舵机间的控制电缆烧坏，舵机失灵。

（2）关键时刻没有启用应急舵。经过“大舜”轮打捞后的现场验证，以 C 甲板尾部左右物料间各有一条通道可以通往舵机间，且该通道当时并未受到大火影响。但是，“大舜”轮船员及航运公司的有关人员认为，只有经过 D 甲板汽车舱的通道才能通往舵机间，由于该通道被大火封堵而无法进入，因此在舵机主控系统失灵、船舶失控的关键时刻，没有派人进入舵机间启用应急舵。

（3）船长采取向右掉头措施，并企图返航，船舶掉头后因风压造成船位进一步大幅度向下风漂移，使该船处于只有采取接近横风横浪航行才能返回烟台港的困难和危险境地。

(4) 船舶失火后，在没有探明火情的情况下，盲目打开 D、C 甲板压力水雾灭火系统。在灭火过程中，除打开所有高压水雾灭火系统外，还长时间使用 4 支消防水枪往船舱灌水，因排水不畅，造成舱内大量积水，形成自由液面，船舶稳性被破坏。

(5) C 甲板汽车舱前后汽车升降舱道门在开航后一直未关闭，且艉部的一个通风筒也未能关闭，加大了 D 甲板结汽车舱与外界的空气流通，加剧了火势燃烧的蔓延。

(6) 船长对船舶倾覆可能性及其严重后果估计不足，未及时宣布弃船，也未组织旅客重新回到甲板，致使船舶倾覆时多数旅客被扣在舱内。

车辆超载、系固不良是事故发生的重要原因。该公司等有关单位安全管理存在严重问题是也事故发生的重要原因。如：

(1) 未认真贯彻执行国家安全生产法律、法规和规章，未摆正安全与生产、安全与效益的关系。

(2) 领导班子成员的专业技术结构和水平不适应客滚运输的需要，特别是领导班子不重视安全管理，作为专门从事海上客滚运输的公司，领导班子无一人懂船舶驾驶，主管安全和海务监督业务的海监室编制 3 人，该室主任长期空缺，副主任和监督员都无客滚船舶的驾驶资历，无力指导这些船的航海业务。11 月 24 日上午，公司对收到的寒潮大风警报没有引起足够重视，未调整“大舜”轮当天的航次任务，在“大舜”轮遇险过程中，没有为船舶提供有力的技术支持和指导，特别是在接到“大舜”轮船长要求调头返回烟台避风的关键时刻，没有及时为船长提供明确的指导意见。

案例精析

“11·24”特大海难事故已经尘埃落定，全船 304 人中仅有 22 人获救生还，后果实是惨重。站在今天，回顾过去，当发现这本是一起可以避免，至少可以大大减少人员伤亡的海难之时，不禁无比痛心！

让历史重回1999年11月24日，那一天，渤海湾的气象条件是不可改变的，但唯一可改变的应是人们的行动。

应急救援，讲究的是先对危险源进行辨识与评估，然后，采取针对性的措施。危险源找不出，风险大小不知道，应急措施不具体，都会导致应急救援行动的失败。

假如“大舜”轮在开航前收到当天气象台发布的寒潮警报后，船长对这一季节性恶劣气候的形成和影响有足够的认识和准备，就不会贸然指挥开航出港。

假如在船舶掉头返航过程中，能避免大角度横摇，那么，舱内车辆及其货物就不会大幅度倾斜、移位、碰撞，就不会造成汽车油箱内燃油外泄，汽车就不会相互撞击摩擦产生火花而引起火灾，进而导致通往舵机间的控制电缆烧坏，舵机失灵。

假如在舵机主控系统失灵、船舶失控的关键时刻，能知道通过C甲板尾部左右物料间到达舵机间，启用应急舵，那么，船舶将依然不会失控。

假如，船舶失火后，能先探明火情，再进行灭火，那么就不会造成舱内大量积水，形成自由液面，破坏船舶稳定性。

假如船长对船舶倾覆可能性及其严重后果估计充足，及时宣布弃船，组织旅客重新回到甲板，就会避免船舶倾覆时旅客被扣在舱内。

假如都做到了上述与历史真实相左的选择，那么历史必将给出完全不同的结果。要么该船不可能翻沉，要么翻沉，也不会出现数百人死亡的恶果。

而这些选择，为什么没有出现呢？有其深层次的原因：

首先，是没有建立完善的应急救援预案，对险情认识不足，在匆忙应对中，应对措施接连出现重大失误。

其次，是船长及员工的防范技能较差，未等探明火情，就仓促灭火；在危急情况下，司空见惯的通道着了火，竟然再找不到去舵机间的其他通道。如果能抓好日常应对突发事件的应急培训，怎么会出现这种“陌生”的情况呢？

最后，有一点不能不引起足够的重视。领导班子无一人懂船舶驾驶，主管安全和海务监督业务的海监室编制3人，该室主任长期空缺，副主任和监督员都无客滚船舶的驾驶资历，无力指导这些船的航海业务。如此一来，安全怎么能重视？就算重视，又如何去重视？如何辨识各种危险，并有针对性地开展突发情况下的应急救援培训与演练工作？没有这些工作作基础，应急工作要做好，岂不是痴人说梦？

二、氯冷凝器穿孔未有预案，处置屡试屡败终成大灾

2004年4月15日17时40分，重庆某化工厂开启1号氯冷凝器，21时，当班人员巡查时判断氯冷凝器已穿孔，约有4m^3的$CaCl_2$盐水进入了液氯系统。厂总调度室迅速采取1号氯冷凝器从系统中断开、冷冻紧急停车等措施。并将1号氯冷凝器壳程内$CaCl_2$盐水通过盐水泵进口倒流排入盐水箱。将1号氯冷凝器余氯和1号氯液气分离器内液氯排入排污罐。15日23时30分，该厂采取措施，开启液氯包装尾气泵抽取排污罐内的氯气到次氯酸钠和漂白液装置。16日0时48分，正在抽气过程中，排污罐发生爆炸。1时33分，全厂停车。2时15分左右，排完盐水后4h的1号盐水泵在静止状态下发生爆炸，泵体粉碎性炸坏。后在救援过程中发生二次爆炸，9名现场处置人员因公殉职，3人受伤。

险情发生后，该厂及时将氯冷凝器穿孔、氯气泄漏事故报告了上级单位，并向市安监局和市政府值班室做了报告。为了消除继续爆炸和大量氯气泄漏的危险，于16日上午启动实施了包括排危抢险、疏散群众在内的应急处置预案，16日9时成立了以一名副市长为指挥长的“4·16”事故现场抢险指挥部，在指挥部

领导下，立即成立了由市内外有关专家组成的专家组，为指挥部排险决策提供技术支撑。

经专家论证，认为排除险情的关键是尽量消耗氯气，消除可能造成大量氯气泄漏的危险。指挥部据此决定，采取自然减压排氯方式，通过开启三氯化铁、漂白液、次氯酸钠 3 个耗氯生产装置，在较短时间内减少危险源中的氯气总量；然后用四氯化碳溶解罐内残存的三氯化氮（NCl_3）；最后用氮气将溶解 NCl_3 的四氯化碳废液压出，以消除爆炸危险。10 时左右，该厂根据指挥部的决定开启耗氯生产装置。

16 日 17 时 30 分，指挥部召开全体成员会议，研究下一步处置方案和当晚群众的疏散问题。17 时 57 分，专家组正向指挥部汇报情况，讨论下一步具体处置方案时，突然听到连续 2 声爆响，液氯储罐发生猛烈爆炸，会议被迫中断。

据勘察，爆炸使 5 号、6 号液氯储罐罐体破裂解体并形成一个长 9m、宽 4m、深 2m 的炸坑。以炸坑为中心，约 200m 半径的地面结构、建筑物上有散落的大量爆炸碎片，爆炸事故致 9 名现场处置人员因公殉职，3 人受伤。

爆炸事故发生后，引起党中央、国务院领导的高度重视，中央领导同志对事故处理与善后工作作出重要指示，国家安监局副局长等领导亲临现场指导，并抽调北京、上海、自贡共 8 名专家指导抢险。这个过程一直持续到 4 月 19 日，在将所有液氯储罐与汽化器中的余氯和 NCl_3 采用引爆、碱液浸泡处理后，才彻底消除了危险源。

在此次事故地救援处置过程中，首次使用了坦克、大炮、机枪，在和平年代里，上演了一场真枪真炮的实战。

先是用高射机枪打响了排爆战斗。一分钟，两分钟……一轮射击，两轮射击……用高射机枪排爆，离目标太近，不但火力无法发挥最大威力，而且风险极大。如果不能快速排爆，引起气罐再爆炸，现场人员就面临爆炸气流冲击和中毒的威胁。

经过数轮射击之后，一号罐身仍安然不动。指挥部下令由某型无后坐力炮进入战斗，3 发弹后，一号罐终于应声爆炸。

二号罐、三号罐仍被掩埋在废墟中，再一次火线勘察：唯一可以直接命中目标的办法，是通过木梯爬上一栋 10m 高的房顶，用肩扛式火箭筒射击。但如果氯气罐击爆后的冲击波太强，将无法撤退！

指挥部决定执行第四套方案：抽调某装甲团调来坦克增援。14 时 20 分，特级射手进入射击阵地，坦克进入战斗状态。14 时 35 分，随着一声巨响，二号储氯罐被穿甲弹击爆。没有料到的是，三号储氯罐被爆炸震落的杂物掩盖起来。

指挥部决定，由坦克、无后坐力炮共同实施排爆。15 时 11 分，坦克、无后坐力炮对三号目标集中火力射击，1 秒钟，2 秒钟……15 时 12 分，伴随着一阵巨响，三号罐外层钢板被炸裂。

官兵们逼近三号罐勘察发现，由于炮火冲击波导致周围厂房坍塌，重型武器已不易展开攻击。15 时 25 分，总指挥部调整了排爆方案。15 时 30 分，在 3 名官兵的保护下，1 名爆破专家和 1 名技术人员进入罐区安置炸药。

15 时 35 分，伴随着一声巨大的闷响声：三号罐被成功炸开。15 时 45 分，8 名消防队员进入化工厂，用水枪喷射水沫稀释氯气：排爆基本成功！接着，排爆官兵进入爆炸核心区侦察，确认储气罐已全部销毁。17 时 35 分，事故现场进行了最后一次对污染残留的爆破。

事故调查组认为，“4・16”爆炸事故是该厂液氯生产过程中因氯冷凝器腐蚀穿孔，导致大量含有铵的 $CaCl_2$ 盐水直接进入液氯系统，生成了极具危险性的 NCl_3 爆炸物。NCl_3 富集达到爆炸浓度和启动事故氯处理装置振动引爆了 NCl_3。

此次事故的直接原因：

（1）设备腐蚀穿孔导致盐水泄漏，是造成 NCl_3 形成和聚集的重要原因。

（2）NCl_3富集达到爆炸浓度和启动事故氯处理装置造成振动，是引起NCl_3爆炸的直接原因。

此次事故的间接原因：

（1）压力容器日常管理差。检测检验不规范，设备更新投入不足。

（2）安全生产责任制落实不到位，安全生产管理力量薄弱。

（3）事故隐患督促检查不力。

（4）对NCl_3爆炸的机理和条件研究不成熟，相关安全技术规定不完善。国内有关权威专家在此次事故原因分析报告的意见中指出："目前，国内对NCl_3爆炸的机理、爆炸的条件缺乏相关技术资料，对如何避免NCl_3爆炸的相关安全技术标准尚不够完善"，"因含高浓度铵的$CaCl_2$盐水泄漏到液氯系统，导致爆炸的事故在我国尚属首例"。这表明此次事故对NCl_3的处理方面，确实存在很大程度的复杂性、不确定性和不可预见性。

案例精析

化工事故，最大的特点就是发展迅速，如果处理不及时，容易处于失控状态。因此，发生化工事故，留给救援人员的有效救援时间很短很短，救援行动不仅要做到迅速，更要做到正确。

此次救援行动，救援不可谓不及时，救援力量不可谓不强大，但从总体上讲这并不是一次成功的应急救援行动。不仅是因为造成了9人失踪死亡，15万民众被紧急疏散的事故后果，而且存在下列三方面问题值得深思：

首先，9名现场救援处置人员的死亡，使得事故升级恶化，是这次救援行动的第一硬伤。应急救援第一原则是救人，同时更要保证救援人员的自身安全。救援人员在不能保证自身安全的情况下进行抢救，那么，事故很可能会越救越大。

其次，缺乏安全高效的应急处置工艺。在化工生产过程中，由于设备老化、密封失效等原因，内漏、外漏等各种各样的泄漏难以避免，但这并不可怕，只要根据各种泄漏情形事先采取泄漏动态监测及泄漏发生后的应急工艺调整、应急装备启动等应对措施，泄漏一般都会得到有效控制。但是，对于此次内漏事故，这方面的事前泄漏监测预警、应急处置等工艺有明显缺失。

第三，对于罐体爆破，采用机枪、坦克、大炮这些重型武器，值得商榷。处理生产安全事故所需的应急装备，应该配至现场，遇险即用。显然，现场配备这些重型武器是不可能的，而且，在世界范围内也无此先例。

当然，此次事故，具有事故原因复杂，特别是国内对 NCl_3 爆炸的机理、爆炸的条件缺乏相关技术资料，对如何避免 NCl_3 爆炸的相关安全技术标准尚不够完善，对 NCl_3 的处理确实存在很大的复杂性、不确定性和不可预见性，具有相当的难度，也是造成这种救援行动措施与结果的原因。但这不能成为否定失败的理由，应举一反三，吸取教训。

三、污水井作业遇险，为救 3 人 7 人亡！

2009 年 7 月 3 日 14 时许，北京市通州区污水井因排污不畅，该区的物业公司派 3 名维修工下井检修提升泵水泵。然而，在下井之前，该物业公司管理人员未将污水管道的上游来水截断，没有排水，也未作空气置换，3 名下井工人也未做任何安全防护，下井后很快就没了声息。井外配合作业人员发现后，当即下井救援，很快中毒倒下，随后，有关物业人员也立即参与救援。先后 7 人下井救援，结果也全部中毒倒在井下。最后，在专业应急救援队伍的救援下，井下人员全被救出。此次事故最终造成 7 人死亡，其中，6 名为物业人员，1 名为参加救援的消防员。

事发之初，市应急办接到报告，立即启动了相关应急预案，副市长与市政府各相关部门、区领导以及应急救援队伍迅速赶到现场，成立了现场应急指挥部并组织救援。

120 急救车最先赶到现场。当时有 1 名保安员参与营救，他用湿毛巾捂住嘴，顺着绳索先后 3 次下井，成功营救出 3 人。

14 时 37 分，消防支队接警后立即派出消防中队赶往现场。当时气温约 37℃，地表温度超过 40℃。另外，由于井口直径仅约 80cm，若救援人员背上呼吸器，身材魁梧者很难下去，而且事故井内不断涌入污水，水面上升，因此，情况非常危急。

14 时 55 分，消防中队到场。10 多名消防官兵分成 3 个梯队展开营救。在现场用了 2 条绳索，1 条绳索拴住消防战士作为安全绳，另外 1 条绳索则作为救人用的牵引绳。消防人员下去后发现该事故井里面的污水深达 1m 多，水下还有 1 个污水口，内部环境较复杂。

15 时整，中队抢险车车长王某、战斗员张某佩戴空气呼吸器，身系安全绳，下井救人。3min 后，救出 1 人，至 3 时 10 分，又救出另 1 人。就在此时，意外突然发生，1 名中毒被困者出于求生本能，在挣扎中抓到了战斗员的空气呼吸器吸气管，一把将其拖进污水里，同时将他的空气呼吸器面罩接头拽开！现场指挥员发现后，立即组织营救。消防员冯某奉命下井，与王某一起营救张某，几分钟后，张某被救出，抬上 120 救护车，送往就近的医院。

然而，就在此时，污水井内水位突然上升，瞬间深达 3m，给营救带来极大困难。现场指挥人员改变救援方案，一面组织人员和抽水车抽排污水，一面轮流派出消防员继续下井搜救。

16 时 40 分，中队特勤班 8 名官兵、1 部抢险车到达现场，他们身着防化服，佩戴呼吸器，系安全绳，分 4 组、每组 3 人轮流作业，展开搜救。

17 时 15 分，指挥部决定将抽水车改为 3 台自吸泵吸水，加快抽吸污水的速度，以利于搜救。至 18 时 47 分，井下最后 1 名中毒被困者被拖出井口。然而，最终由于时间太久，井中污水较深，原来中毒被困的 10 人中，除前期被救出的 5 人中有 4 人存活外，其余 6 人不幸身亡。消防中队年仅 19 岁的消防员张某不幸中毒窒息，经全力抢救无效，也献出了年轻的生命。

案例精析

7月3日这起原本只有3名作业人员中毒窒息，却在救援过程中扩大、恶化，10多人先后中毒，最终造成7人死亡的恶性事故，实在令人痛心！因为仅仅在20天前，1名污水井内的作业人员中毒，2名井上配合人员未采取任何防护措施，就下井救援，最终造成2死1伤。当时许多媒体都进行了报道，可时隔数日，几乎一模一样的悲剧再次上演，这一次比上一次后果更严重，怎不令人倍加痛心？

两起事故，如出一辙。然而，纵观国内省会城市，也不乏同样的吃人陷阱。此类事故却频频发生，到底为何？

其一，这些肇事的物业管理单位、维修单位领导者违法违章，管理失职。近年来，国家和相关行业颁布的安全法规和作业规程中，都严格规定了人员进入有限作业空间，务必首先办理受限空间作业票，采取通风、置换、有毒有害气体含量检测等安全措施，必须配备使用呼吸器等防护器具等等。显然，以上列举的各起事故，都是典型的受限空间作业，而没有一家的管理者执行受限空间作业票制度，没有采取必要的防范、防护措施，把劳动者的生命当儿戏，直接导致了一起起悲剧的发生。理应按照《安全生产法》的相关条例，追究相关领导者的责任。否则，法纪不立，违章不止，悲剧还将继续！

其二，悲剧源自“无知”。当前，污水井、下水道的维修、清理等作业，相当一部分是交给务工人员来做。由于务工人员自身的文化和安全技术素质较差，而管理单位的安全教育培训工作又严重缺位，致使这类作业的现场人员缺乏起码的安全作业与应急救援常识和技能，全凭经验和习惯想当然地去作业、去救援，对看不见的“无形杀手”没有起码的风险辨识能力和自我保护意识，结果身陷危险而不自知，盲目施救而致事故扩大。因此，务必切实落实各级管理者的安全培训责任，针对各行各业的危险特点，全面强化包括务工人员在内的企业全员的安全、应急意识教育和专业知识技能培训，并在全社会普及应急常识和逃生技能教育，这是当前极为重要的一项爱民之举、惠民之举、和谐之举。

另外，关于本次专业救援行动中的经验教训，也值得我们认真总结。

其一，快速反应，方法得当，才能保证有效营救。本案中，120急救车最先赶到现场，抓住了有利时机，尤其是那位下井救人的保安员，情急之下，他采用了湿毛巾捂嘴的防护方法，先后成功救出3人，自己也安然无恙。原则上讲，背负式正压呼吸器是防范中毒窒息的首选器具，采用吸附剂防毒面具或湿毛巾捂嘴，具有一定风险。然而，在当时不具备条件的紧急情况下，由于湿毛巾有溶解、隔断有毒气体的作用，采用湿毛巾捂嘴就不失为一种简便、有效的应急方法，若同时采用安全绳作为保险措施更妥。试想，如果救援队伍当时能再早到一步，并备有安全、适用的呼吸器和营救工具，使用方法得当，操作娴熟，就完全有可能赶在井内污水上涨之前将中毒被困者全部救出。

其二，应对各种复杂情景，突发情况，务必早有准备，提前做好应急措施，才能顺利施救，避免不必要的损失和牺牲。本次营救始末，市消防官兵在应急指挥部的正确指挥下，现场组织有序，规范使用防护工具，及时排水，作了最大限度的努力。但由于对井口窄狭，人员进入极不方便等困难事先准备不足，尤其是对井下中毒者可能突然抓拖救援人员、损坏呼吸器这一突发情况始料不及，结果打乱了整个救援部署，不仅救人受阻，而且造成了青年消防员的不幸遇难。血的教训告诉我们，救援现场情况一般都较为复杂，不同的场景和条件，常常会出现多种困难和问题，只有事先做细致的分析研究，充分估计各种可能和意外，在人员、设备器具和救援方法、步骤等方面多准备几手，并充分演练，常备不懈，才可能在救援实战中顺利施救，有效避免不必要的损失和牺牲。

第五节　操作错误，导致事故

一、清理清水池，中毒亡 3 人

1998 年 10 月 1 日 13 时 45 分，常熟某公司污水处理站在对清水池进行清理时发生硫化氢中毒，死亡 3 人。

该公司技术发展部 9 月 28 日发出节日期间检修工作通知，其中一项任务就是要求污水处理站站长宋某和污水处理工周某，再配一名临时杂工徐某于 10 月 1~3 日进行清水池清理，并明确宋某全面负责监护。

10 月 1 日上午，宋某等 3 人完成清理气浮池后，13 时左右，开始清理清水池。徐某头戴防毒面具(滤毒罐)下池清理。约在下午 1 时 45 分，周某发现徐某没有上来，预感情况不好，当即喊叫“救命”。这时，2 名租用该集团公司厂房的个体业主施某、邵某闻声赶到现场。周某即下池营救，施、邵二人在洞口接应，在此同时，污水处理站站长宋某赶到，听说周某下池后也没有上来，随即下池营救，并嘱咐施、邵二人在洞口接应。宋某下洞后，邵某跟随下洞，站在下洞的梯子上，上身在洞外，下身在洞口内，当宋某挟起周某约离池底 50cm 高处，叫上面的人接应时，因洞口直径小(0. 6m×0. 6m)、邵某身体较胖，一时下不去，接不到，随即宋某也倒下，邵某闻到一股臭鸡蛋味，意识到可能有毒气。在洞口边的施某拉邵某一把说：“宋某刚下去，又倒下，不好！快起来”邵某当即起来。随后报警“110”。刚赶到现场的公司保卫科长见状后即报警“119”，请求营救，并吩咐带氧气呼吸器。4~5min 后，消防人员赶到，救出 3 名中毒人员，急送医院抢救。结果，抢救无效，于当天下午 2 时 50 分，3 人全部死亡。

事故原因是在清水池内积聚大量超标的硫化氢气体，而又未做排放处理的情况下，清理工未采取用切实有效的防护用具，贸然进入池内作业，引起硫化氢气体中毒。

案例精析

险情突发，救人是应急救援的首要原则。

但要采取必要的应急措施，不能盲目救人。在以上事故中，周某发现徐某可能在下面发生意外，却没有采取有效的个体防护措施，就随意下去救人，结果导致自己中毒身亡。

同样，从事多年清理工作的污水处理站站长发现两人已倒池中，并闻到强烈的臭鸡蛋味时，竟然也未采取有效个体防护措施，跟着盲目下池救人，结果也惨遭毒害死亡。

这种救人方式在应急救援程序上是严重错误的，说明职工救护知识非常缺乏，自我防护意识很差。由于救护方法的错误，导致了事故升级，后果恶化。如果这两人能在救援之前，采取防护措施，特别是救援人员能佩戴防毒面具，也就不会硫化氢中毒，不会出现 1 个人中毒 2 人抢救 3 人死亡的悲剧了。

二、1 人遇险 2 人救，遇险生还救者亡

2009 年 6 月 13 日 15 时许，北京一个果园内，3 名在污水井内作业的工人沼气中毒，最终造成 2 死 1 伤。

据悉，当天下午，共由 4 名工人前往事发地点，为该处的污水井更换水泵。首先下井的 1 名工人在约 10min 后便没有动静，在地上的 2 名工人便立刻下井用铁链将井下的工人捆好，由井上的工人拉上来。被营救上来的工人幸免于难，下井救援的 2 名工人却因吸入沼气被毒倒。井上的工人随之报警求救。

999 急救人员、消防官兵在接到报警后迅速赶到了事发现场，由于井口较小，只能容一个人下井，且井下空间并不大，这

些都影响了救援的速度。大约40min后，井下的2名工人被救了出来，经医护人员确认，2人已经死亡。

案例精析

此次事故的发生，原因很简单：

首先，当事的作业人员在进入污水井作业之前，单位的安全负责人没有出具受限空间安全作业票，作业前没有对污水井进行有毒有害气体检测，作业人员对污水井的危险也缺乏认识，盲目下井作业，致使首先下井的作业工人中毒倒下。

接着，下井救人的2名作业工人由于缺乏基本的安全常识，未做任何安全防护，就下井盲目施救，导致了死亡悲剧的发生。可以分析：由于污水井为受限作业空间，不通风，形成贫氧区，井下有限的氧气已经被先前下井作业的工人消耗殆尽，故紧接下井救人的这2名工人发生中毒窒息，也就不足为怪了。

污水井封闭不通风，大多富含硫化氢、沼气、一氧化碳等有毒有害气体，氧气含量极少，进入这种受限空间作业，非常危险。

硫化气为无色、有臭鸡蛋气味的高毒气体，是强烈的神经毒物。GBZ 2. 2—2007《工作场所有害因素职业接触限值 第2部分：物理因素》中规定，硫化氢的工作环境空气中的最高容许浓度仅为10mg/m^3。硫化氢侵入人体的主要途径是吸入，而且经人体的黏膜吸收比皮肤吸收造成的中毒更为迅速。急性中毒可出现流泪、头晕、眼痛、眼内异物感、乏力等症状，极高浓度时，可在数秒钟内突然昏迷，呼吸和心跳骤停，发生“闪电型”死亡。

沼气的主要成分是甲烷。甲烷是无色无臭气体，对人体基本无毒，但空气中的甲烷含量过高时，空气中的氧含量明显降低，可引起窒息。当空气中的甲烷含量达到25%~30%时，可引起头痛、头晕、乏力、注意力不集中、呼吸和心跳加速、动作失调，导致窒息死亡。

一氧化碳是无色、无臭、高毒气体，吸入后可与血红蛋白结合而造成组织缺氧。一氧化碳的工作环境空气中的最高容许浓度为 30mg/m^3。一氧化碳中毒表现为头痛、头晕、耳鸣、心悸、恶心、呕吐、无力、皮肤呈樱红色、烦躁、步态不稳；重者昏迷、瞳孔缩小、肌张力增强、抽搐、大小便失禁等。一氧化碳中毒的死亡率很高。

在此次事故当中，本来只要在以下两个关键环节采取相应措施，就可避免事故的发生和扩大。

一是作业环节：按照安全操作规范，在下井前，应首先监测一下井内的有毒有害气体浓度是否超标，若不超标，则可下井，若超标，则应进行通风处理，直至不超标时，再下井作业。如果在现场没有准备监测仪器，不妨采取人们曾经用过的土办法，用鸡、鸭等家禽放下去检验一下也可。

二是救援环节：本来，先下井作业的人员在短时间内就没了动静，稍有常识的人，就应初步判断为中毒，并有所警惕、防范。按照相关安全规范要求，在这种情况下施救，必须配备呼吸器等个体防护器具，但若果在现场没有准备防护器具，最好的办法就只能是尽快报警或求助其他专业救援组织。然而，这几个井上人员却毫无警觉性，在未采取任何保护措施的情况下，贸然下井，徒手施救。其结果，虽然救出了先下井的那 1 名作业者，但导致 2 名施救人员不幸牺牲，造成事故扩大。

这些年来，类似的有限空间中毒窒息事故屡见不鲜。常常要不就是作业者事先不做气体检查或气体置换，贸然进入有限空间作业造成伤亡，要不就是施救者没有配备、佩戴防护器具，救人不成反倒致使更多的人牺牲，令人惋惜。为什么这样的事故会频频发生？究其原因，根本问题在于违章作业。2005 年国家安监局发布的安全标准化管理规范中，已经严格规定了受限作业空间作业票制度。相关的各行业安全作业规范中，都严格要求人员进入有限作业空间，务必首先办理有限空间作业票，采取通风、置换、气体含量检查等安全措施，必须配备使用呼吸器等防护器具，现场必须有人监护等。显然，管理者失职，作业人员缺乏起码的安全知识和应急常识，违章操作是导致悲剧发生的根本原因所在。

因此，从安全管理者到一线作业者，都要严格遵守各项安全法规，尤其是在危险环境中作业，一定要采取周全的事故防范措施，严禁违章操作。特别是要针对各行各业的危险特点，加强安全知识和专业技能教育，强化应急管理教育，在全社会普及应急常识和逃生技能，尽可能避免无谓伤亡事故的发生。

三、勃朗峰隧道火灾，38 人死亡

在欧洲最高峰——勃朗峰上，有着世界上最长的公路隧道，这是法国和意大利之间的重要通道，货车司机尤其喜欢从这里通过。原本他们需要在蜿蜒的山路上绕行 7h，现在只需走 15min 就可以了。每天都有 5000 多辆车从这里通过。它的长度和安全性在世界排行中名列前茅。

隧道建有两间独立的控制室，随时保持对隧道的路况进行监控。其中一间建在了意大利一侧，另一间建在了法国一侧。隧道共设有 18 处防火间，每 600m 一处。内部还装有 77 部紧急电话，在法国入口处有一支专业抢险救援队，在意大利入口处有一支志愿救援队。在 1999 年 3 月 24 日之前，这条公路隧道从没出现过重大事故。偶尔出现的货车起火事故都被抢险救援队及时制止了，从没有过重大人员伤亡。

一辆装有 40t 货物的冷藏货车在法国收费处停了下来。每天会有 2000 辆这样的货车经过。司机吉尔贝是比利时人，57 岁，有 25 年的驾龄。他在 10 时 47 分时进入隧道，车速为 60km/h。这辆冷藏货车上装载的货物很普通。他要把 9t 人造黄油和 12t 面粉送到米兰的一家食品加工厂。

40 台闭路摄像头像往常一样监视着所有车辆的情况。

10 时 49 分，吉尔贝的货车已经进入隧道行驶 2min 了。司机和摄像头都忽略了一个重要的情况，那就是这辆货车后面冒出了浓浓白烟。吉尔贝没有发现白烟，他仍在前进。

10 时 51 分。吉尔贝已经进入隧道距法国入口 5km 的地方，问题终于恶化了。后面的汽车和货车都能看到冷藏车后面的浓烟，烟雾已经飘到了隧道的顶部。后面的司机意识到情况不妙，他们开始想办法提醒吉尔贝。

10 时 52 分。此时烟雾已经很浓了，浓烟触发了隧道里的传感器。隧道中一共装有 9 个传感器，它们能将能见度信息传输到隧道两端的控制室。

法国人听到了警报。意大利人却没有，他们的警铃因为前一天的错误警报被关闭了。但法国隧道操作员并不清楚是什么事故。同时，隧道两端的收费处仍在正常开放，有更多的车辆进入了隧道。

最后，吉尔贝终于看到后面的浓烟了，他赶紧打开危险信号灯给后面的汽车发出了警告。

10 时 53 分。吉尔贝停下了车，他已经深入隧道 6km 了，此处正好是隧道的中点。他的车后很快排起了“长龙”。

吉尔贝想用灭火器灭火，可来不及了，整辆车都着火了。突然间，车爆炸了！吉尔贝只能丢下货车，朝意大利方向的出口跑去。货车后的队伍越来越长了。共有 38 人被困在车里，他们还不知道前方到底发生了什么。吉尔贝货车后面的所有车辆很快就被浓烟包围了。

10 时 54 分。货车燃烧了 1min 后，有人在距离货车 300m 处的 22 号防火间拨通了急救电话。意大利控制室接到了报警电话。操作员此时才得知隧道里出现了险情，意大利和法国的控制人员随即交换了信息。他们已经能从监视器上看到了浓烟，但无法看到货车，它已经被烟幕罩住了。控制人员意识到危险后，马上关闭了隧道两端的入口。但是，对尾随吉尔贝进入隧道的 38 人来说，一切都太晚了。这些车正朝着死亡前进，有一些已经在死亡线上挣扎了。

10 时 56 分。浓烟向法国方向扩散而去，被困的人们根本看不见周围的情况。浓烟向意大利方向扩散的速度却很缓慢。意大利的操作员看到逃离的车辆后，开始向隧道鼓入空气。

10 时 57 分，大火已经持续了 4min，聚集在法国一侧的浓烟此时已经吞没了近 500m 的道路。法国入口处的救援队接到了警报，由 4 人组成的救援队准备进入隧道。

10 时 58 分。火灾现场的烟幕遮住了一切，闭路摄像机上模糊一片。

法国救援队进入隧道的时候，并不知道有 38 人被困在货车的后面。司机的情况非常糟糕，当时的能见度已经降到了 0. 5m。有些司机想要驾车逃走，但是因为氧气不足，引擎无法发动，这让他们失去了仅有的逃生工具。有些人绝望地逃向了避难所，也就是每隔 600m 一处的特制防火间，但这并没有解决问题。几分钟内很多人便昏了过去。

11 时整。大火仍在蔓延，从查默尼克斯镇赶来的消防员进入了隧道。但是，他们设法前进了 4km 之后，消防车就无法前进了。

消防设施仍没有到达火灾发生地点。此时，第一批救援队员从烟雾扩散较慢的意大利一端进入了隧道。可新的险情出现了，隧道里连接发生了 6 次爆炸，到处都是“砰砰砰”的巨响。车辆的轮胎爆炸了，危险的碎片像霰弹一样呼啸而过。消防队被迫撤退了。在撤退途中，意大利消防员救出了几名司机，其中一位就是起火货车的司机吉尔贝。他们从意大利一方逃出了隧道，奇迹般地脱险了。

11 时 11 分，意大利消防员进入隧道，尝试扑灭大火。消防队长格拉雷走在了最前面。但是，同样因为烟雾太大，格拉雷和他的队员不得不退了回来。他们躲进了 24 号防火间，10min 后他们发现，原本用来输送新鲜空气的通气孔里居然也冒出了黑烟。供氧设备里的氧气已经耗尽，他们感觉到严重缺氧。救援队员此时成了救援的对象。经过 3h 的奋战，格拉雷和他的同事终于从通风管道逃了出去。但是，此刻他们还不知道，温度超过 1000℃的隧道里仍然困着 38 个落难者。11 时 30 分，也就是货车起火 37min 之后，致命的浓烟已经蔓延了 6km 以外的地方，最后在法国隧道的出口处喷涌出去。消防员放弃了与烈焰搏斗的努力。隧道里所有被困人员全部死亡。

这场大火持续燃烧了 53h。直到熊熊大火最终熄灭以后，消防员才找到机会穿过烧焦的碎片进入隧道检查情况。他们发现 38 名遇难者的遗体个个面目狰狞。这场灾难震惊了整个世界。

调查人员在调查中发现了很多问题，其中一个就是，在隧道运营的 34 年里，公共消防队只进行过一次火灾避难训练。这或许就能解释，为什么在火灾发生 3h 后，最后一批意大利消防员格拉雷和他的同事才从通风管道逃了出来。大火持续了 53h 以后才自行熄灭。

案例精析

勃朗峰隧道，因身居欧洲最高峰，隧道里程最长，两端连接法意两国而闻名于世，此次火灾，使其更加声名远扬。

想想，隧道两端各建有一间独立的控制室，随时保持对隧道的路况进行监控；隧道全程设有 18 处防火间，每 600m 一处；内部还装有 77 部紧急电话；在法国入口处有一支专业抢险救援队，在意大利入口处有一支志愿救援队。由此想来，确实应该做到火情及时发现，及时处理，可为什么吉尔贝的这辆拉着 9t 人造黄油和 12t 面粉的货车起火，却造成了如此惨重的伤亡呢？分析起来，既有一些难以避免的客观因素，更有一些不该出现的人为原因。

首先，吉尔贝的这辆车不仅着火了，而且拉了 9t 人造黄油和12t面粉。这9t人造黄油和12t面粉在燃烧之后，对遇险车辆造成了严重的伤害，对营救带来了很大的困难，客观上使得这次汽车火灾容易导致极为严重的后果。

但是，如果说这是造成事故出现如此严重后果的理由则是完全错误的。造成如此严重的后果，具有一些不可原谅的人为原因。

首先，吉尔贝发现自己车后有烟，但起初并不在意，继续前行，直到浓烟滚滚，才停车灭火，这是一错；一看无济于事，拔脚就跑。跑也许对，但至少得跑去报警啊？但他没有，只是朝着出口跑，只顾逃命。没及时报警，是其第二大错。

其次，法国隧道操作员听到了警报之后，竟然不清楚发生了什么事故，也不与意大利方联系，可又凑巧，意大利的监控警铃又关闭了。这下可好，两方像没事一样的，照常收费放行。直到有人打电话报警，才各自关闭入口。这种管理，哪是世界上最先进的隧道管理水平？配了先进的自动监测报警装备，却不能在接到警报后及时采取措施。

再次，在隧道运营的34年里，公共消防队只进行过一次火灾避难训练。结果就是造成意大利消防员格拉雷和他的同事在火灾发生3h后，才从通风管道逃出来。

上述三个问题，暴露了驾驶员、隧道管理人员、消防人员处理危机的基本意识、基本技能严重不足，这些基本技能的不足，让一次本可迅速处理的事故不断升级恶化，最终发展成为震惊世界的灾难。这些问题，发生在8年前的西方发达国家，对今天的我们，不是更具教育意义吗？

勃朗峰隧道用无情的事实，给我们带来深刻的启示：加强全民应急意识教育、加强专业人员技能培训，对于强化应急工作基础，科学高效救援，具有极为重要的作用。

第六节 装备不齐，物资不足

一、液化石油气储罐底阀泄漏，处置有勇无谋群死群伤

1998 年3 月5 日18 时40 分，陕西西安某液化石油气管理所一储量为400m^3的11 号球形储罐突然闪爆，10 余分钟后又发生第二次爆炸，19 时12 分，20 时1 分又先后发生两次猛烈爆炸，烈焰腾空而起，两次形成的时长10 余秒的火柱“蘑菇云”，高达150~200m，尤以最后一次爆炸最为猛烈。

此次事故共造成11 人死亡(其中消防官兵7 人，气站工作人员4 人)，31 人受伤。西安、咸阳、宝鸡、渭南等消防支队及地方公安、武警、驻军、民兵预备役、医疗救护等单位参与了这次抢险救援，投入兵力达3000 余人。全体参战人员连续奋战了约90 个小时，竭尽全力保住了2 个1000m^3的球形储罐和10 个100m^3的卧式罐，2 个25m^3残液罐未发生爆炸，扑灭了8 辆液化石油气槽车和4 个有可能发生爆炸的储罐的余火及被闪爆引燃的棉花仓库火灾，及时有效地将群众疏散到安全地带。

该液化石油气管理所系一级消防重点保卫单位，罐区设有2 个25m^3残液罐，10 个100m^3卧式储罐，2 个400m^3球形储罐，2 个1000m^3球形储罐，总设计容量3580m^3。

3 月5 日15 时许，一临时工家属突然发现装储液化石油气的11 号大球形罐底部漏气，液化石油气从球阀口“嘶嘶”作响喷冲而出，白色的液体冲出后迅速汽化，该人立即去所里值班室报警。

所里迅速组织人手抢修，陆陆续续到场20 多人，漏气的11 号大球罐容积为400m^3，球罐内压强为20 个大气压，强大的压力使罐内液化石油气从受损球阀处冲出来，当时没风，现场的危险气体越来越浓。

工作人员先后用了30多条棉被包堵球阀，并用消防水龙朝被子上喷水——液化石油气呈液体冲出阀门，迅速汽化，温度很低，喷上的水很快结冰，泄漏有所减弱。

但强大的压强不时冲开棉被包压冰冻处，工作人员一时束手无策，只能用水枪冲击稀释泄漏出来的液化石油气。由于液化石油气比空气重，喷发出来后沉在地面形成约0.3m高的悬雾层，越来越厚呈滚动之势，很远的地方都可闻到刺鼻的气味。

气站工作人员在16时51分打“119”报警求助。6min后，市消防某中队一台消防车赶到现场。副中队长带了5人冲入现场，发现11号罐底球阀已破裂，面对现场情况，决定迅速阻止液化石油气泄漏，并采取倒罐措施。同时，让在场所有人员交出通信工具；切断现场电源、清除一切火源、禁止在现场附近行驶车辆，水枪加入驱散气体。

几分钟后，副中队长见液化石油气泄漏严重，局势已很难控制，便请求消防支队增援5台车。五六分钟后，增援车辆陆续抵达现场，消防支队指挥员也赶到，听了险情汇报，决定再调增援车辆。

液化石油气喷出后温度极低，消防人员下到罐底池中，一二十秒钟后裤脚上就结满了冷凝冰，这时离地面飘浮滚动着水状的液化石油气，池子里结满了冰。抢险过程中，由于消防队队员没有防毒面具，大多已中毒丧失战斗力，其中副中队长也中毒了。后又调来消防特勤中队代替，但仍然发生了爆炸。

大火烧得异常猛烈，从火海里仅跑出了30多人，现场根本无法接近。现场指挥部原来就设在大门口，第一次爆炸发生后，后撤了30m。大约过了10min，第二次爆炸发生了，红黄火焰裹着黑烟又蹿了起来。

爆炸刚发生时，附近10万居民开始恐慌大逃亡，而远处的居民，却扶老携幼赶往出事地点，想看个究竟，场面非常混乱。

18时27分，省消防总队领导到达现场；18时35分，市公安局领导赶到了现场。到达现场后，及时听取了支队领导和煤气公司领导的汇报。此时，经过1个多小时的堵漏，整个堵漏措施取得了比较明显的效果，11号400m^{3}储罐倒罐已接近一半。听取汇报后，现场指挥部正在研究下一步的处置方案时，18时45分，罐区泄漏的液化石油气混合气体突然发生闪爆，整个罐区一片火海。现场指挥部果断命令：首先组织抢救伤员，最大限度地减少人员伤亡。并规定所有指挥人员必须保持冷静，在没有查明现场的情况时，不得盲目行动，并安排侦察小组进入罐区进行侦察。

根据现场情况，指挥部命令所有现场人员、车辆迅速撤离到大寨路东口处，“119”指挥中心迅速调出了6个公安消防中队，6个企业专职队，共12部消防车，100余名战斗员赶赴现场待命。

此时又发生了2次爆炸，蘑菇云冲天而起，整个西郊夜空一片通亮。在现场情况极其严重情况下，命令部队撤到安全地带集结待命。在省市各级领导先后到场后，成立了由省、市主要领导挂帅和有关方面参加的现场总指挥部。调集了公安、武警、驻军、民兵预备役、医疗救护等单位3000余人，组成了灭火指挥部。调出邻近三个支队共44部消防车、190余名官兵增援。

总指挥部根据现场情况，迅速采取了扩大警戒隔离范围、增加救援力量等一系列措施。经过全体参战人员近8个小时的艰苦战斗，扑灭了8辆液化石油气槽车及罐区多处残火；第一个100m^{3}的卧罐稳定燃烧后熄灭。3月7日19时5分，罐区最后一个燃烧的100 m^{3}储罐火焰熄灭。

3月9日12时5分，所有参战人员车辆完成监护任务，全部撤离现场。

此次火灾的原因是11号400 m^{3}球形储罐下部的排污阀上部法兰密封局部失效，造成大量的液化石油气泄漏，在抢险处置过程中，发生爆炸。

案例精析

“3·5”液化石油气储罐爆炸事故，从救援过程来看，相关部门高度重视，指挥部署细致具体，救援力量调配及时，人力物力投入巨大，救援官兵舍生忘死，英勇作战，上演了感人至深、可歌可泣的一幕救援大战。

从救援的程序与具体操作的科学性来分析，许多常规程序譬如疏散周边群众、现场警戒隔离、关闭通信器材，特别是明火熄灭后的认真处置，都是科学详细实施到位的。但是，在一些重要环节上却存在重大失误，总体而言，在感动于消防官兵、气站工作人员舍生忘死，英勇作战的高尚情操和英雄气概之时，不能脱离科学，而由此将其认定为一次成功的应急救援行动。

首先，从结果上看，一个阀门的局部泄漏，发展成多罐、多次爆炸，说明没有成功控制泄漏。

第二，在泄漏初期，有关指挥、操作人员没有佩戴呼吸器就深入泄漏区进行指挥与操作，造成救援力量的急剧下降，并恶化了事故。

第三，在救援装备上存在重大问题。该站属不折不扣的重大危险源，同时，管线、阀门泄漏是常见事故，必须配备相应的专用堵漏器具，但是，该站没有，属地消防队也没有。面对泄漏，只能用棉被、麻绳等来进行堵漏，这种极为原始的堵漏方式，出现在现代社会的省会城市是极不应该的。这也充分证明，该站、该地有关部门缺乏相关的专业知识，对液化石油气罐区的风险控制，只停留在着火爆炸后的后期“灭火”，而不是对液化石油气泄漏的前期准确处置上，或者只想到了一些简单的泄漏情形，而没有充分考虑到罐体底阀这一本应高度重视的要害部位上。

第四，在救援方法上存在重大问题，没有根据实际灵活处置。泄漏初期，没有专用设备，在使用棉被、麻绳等方法堵漏无效的情况下，没有根据实际情况，根据爆炸着火原理，寻求新的更有效的方法。假如当时及时采用湿沙土掩埋法，即采用编织袋麻袋等装运湿沙土，堆到罐体底下把泄漏阀门掩埋打湿，然后，再行倒罐；或者局部砌墙分隔，用速凝水泥进行掩埋堵压泄漏口，事故定然可以得到很好的处理。对于一个400m^3的小罐，阀门又在罐体底部，不说3000人救援，就是500人，扛沙袋，运水泥，用不了几个小时，就会把整个罐体埋个严严实实，压得密不透气，想让它爆炸都难。

通过这起因简单的泄漏导致的特大爆炸着火伤亡事故，应充分认识丰富专业知识，科学辨识、控制风险，配备先进装备，科学实施救援的重要性。

二、阀门电动关闭30秒容易，断电手关3小时酿灾

2010年7月16日，位于辽宁省大连市某储运公司原油库输油管道发生爆炸，引发大火并造成大量原油泄漏，导致部分原油、管道和设备烧损，另有部分泄漏原油流入附近海域造成污染。事故造成作业人员1人轻伤、1人失踪；在灭火过程中，消防战士1人牺牲、1人重伤。据统计，事故造成的直接财产损失为22330.19万元。

事故当天，30×10^4t“宇宙宝石”油轮在向该储运公司原油罐区卸送原油；某甲石化公司负责加入原油脱硫剂作业，该甲公司安排某乙公司在原油罐区输油管道上进行现场作业。所添加的原油脱硫剂由某甲公司生产。

7月15日15时30分左右，“宇宙宝石”油轮开始向原油罐区卸油，卸油作业在两条输油管道同时进行。20时左右，甲公司和乙公司作业人员开始通过原油罐区内一条输油管道(内径0.9m)上的排空阀，向输油管道中注入脱硫剂。

7月16日13时左右，油轮暂停卸油作业，但注入脱硫剂的作业没有停止。

18时左右，在注入了88m^3脱硫剂后，现场作业人员加水对脱硫剂管路和泵进行冲洗。18时8分左右，靠近脱硫剂注入部位的输油管道突然发生爆炸，引发火灾，造成部分输油管道、附近储罐阀门、输油泵房和电力系统损坏和大量原

油泄漏。事故导致储罐阀门无法及时关闭，火灾不断扩大。原油顺地下管沟流淌，形成地面流淌火，火势蔓延。事故造成103号罐和周边泵房及港区主要输油管道严重损坏，部分原油流入附近海域。

此次事故的直接原因是在“宇宙宝石”油轮已暂停卸油作业的情况下，甲公司和乙公司继续向输油管道中注入含有强氧化剂的原油脱硫剂，造成输油管道内发生化学爆炸，大火持续燃烧15个小时，事故现场设备管道损毁严重，周边海域受到污染，社会影响重大。而另一个造成事故恶化的间接原因，就是事故造成电力系统损坏，应急和消防设施失效，罐区阀门无法关闭，造成火灾扑灭长时间难以奏效。

案例精析

这次事故的恶化升级的主要原因是由于事故造成电力系统损坏，应急和消防设施失效，罐区阀门无法关闭，造成火灾扑灭长时间难以奏效。此后，在此次事故的通报中特别提道：“(四)切实做好应急管理各项工作，提高重特大事故的应对与处置能力。各地、各有关部门要加强对危险化学品生产厂区和储罐区消防设施的检查，督促各有关企业进一步改进管道、储罐等设施的阀门系统，确保事故发生后能够有效关闭……”

还原一下当时的事故场景。原油源源不断地涌出，顺着数米深数米宽的地下排污沟向海边流去。虽然，火灾现场距离海边还有1km左右，但很快海面就成了火海。油汩汩地往外喷涌，刚扑灭的火，转眼又被点燃。如果不切断原油泄漏的来路，大火将失控。关阀门，成为灭火的唯一出路。而油罐的阀门是电动的，当时罐区早已断电，无法电动关闭阀门，若采用电动方式，每个阀门只要30s就能关上。可要手动来关，则要用时近一个小时。当时，需要关闭4个，因此，用时长达3个小时！直径近1m的管线泄漏三个3个小时能流出多少油可想而知，如果当时给电动阀门配备了应急电源，只用时30s就把阀门关闭，这起事故断然不会迅速升级成为严重污染海洋的恶性事故。

三、火海汹汹水桶来灭，群死群伤实属人祸

2003 年 11 月 15 日 20 时 50 分左右，广西北海市某烟花厂第九工区发生一起特大烟花爆竹爆炸事故，造成 13 人死亡，13 人受伤(其中重伤 12 人)，直接经济损失 160 余万元。

2003 年 11 月 15 日上午，第九工区负责人张某获悉当地一私炮点发生爆炸，估计第二天县政府可能要求烟花爆竹生产企业停产整顿，为了赶任务，下午 4 时左右，张某在药底车间交代管理人员李某等人晚上加班，把白天未加工完的光珠全部加工成烟花药底(当天共拉回 100kg 光珠)。下午 6 时左右开始加班，当时拉有两盏钨灯分别立在消防栓旁和水沟围墙外，张某待工人开始加班后，离开工区。

加班的 32 名工人在办公楼东侧的和药工房、上药工房，以及这些工房和杂物房前的平地上分组操作，工序有上光珠、上响药、上固引剂和贴标签等。当晚，陈某从厂部二区拉回 300 饼胶筒药底半成品则放在现场一辆报废车旁，在杂物房旁边第五间药底车间存放两包光珠(每包重量大约 30kg)。操作过程分为两组进行。

20 时 50 分左右突然发生爆炸，当时正好去办公楼底卫生间方便的黄某听到两声爆炸声后就往大门口跑，看见现场一片火海，黄某知道其妻子在里面出事了，便往宿舍区的方向跑去喊人，跑到半路见到张某某等人从饭堂方向赶来。张某某等人赶到现场时已经有伤员跑出来，身上燃着火，张某某组织抢救和灭火，并叫人开车来运送伤员，一部分人抱伤员上车送医院抢救，一部分人拿水桶打水救火，救了约半个小时，工区负责人张某才回到第九工区出事地点，此时公馆出口烟花厂的一辆消防车赶到用水枪打水灭火，直至县消防队赶到后才将火彻底扑灭。第九工区办公楼东侧的和药工房、上药工房、杂物房全部炸毁，工房前的平地上有一个炸坑。

经过调查取证分析，发生该起事故的直接原因是：上响药工

人连续超负荷工作，身体疲劳，在照明不足的情况下，作业过程出现了摩擦或撞击现象，引燃引爆了摩擦、撞击感度很高的响药，从而导致爆炸的发生。

在第九工区职工灭火的过程中，张某看到现场有 4 具尸体，砖头下还压着几具尸体，他意识到问题的严重性，交代管理人员吴某安排人把尸体搬走，便逃离现场。张某某等人共将 7 名尸体装上车后拉走，并在市政府领导召集市、县相关部门领导召开现场会时，谎报只死亡了 2 个人。11 月 16 日上午，县公安局根据群众的举报，在离爆炸现场约 1.5km 的径口(地名)发现了被转移的 7 具尸体。

案例精析

从拿水桶打水救火这一行为可以说明，该厂区没有配备什么应急装备、救援物资，应急能力非常欠缺。人人都知道，烟花爆竹生产是一种危险性作业，稍有不慎，就可能发生重大事故，可是该厂的负责人却没有开展必要的应急管理，甚至连一个最基本的灭火器都没有，居然用水桶打水，太原始了。

险情突发，救人是应急救援的第一任务。在该烟花爆竹生产工区发生爆炸时，张某某能第一时间组织人抢救伤员，并叫人开车运送伤员去医院，这一举措，非常正确，但他事后参与尸体转移，隐瞒事故，却又大错特错。

再者，厂区负责人在事故中应该发挥重大作用，指挥救火，救出伤亡人员，而张某此时却是把自己的利益放在首位，指使管理人偷偷搬走尸体，隐瞒事故真相，并逃离现场，这种贪生怕死、漠视生命、延误抢救的犯罪行为，是可忍，孰不可忍？